高等职业教育智能建造类专业"十四五"系列教材
住房和城乡建设领域"十四五"智能建造技术培训教材

建筑工业化
智能生产技术与应用

组织编写　江苏省建设教育协会
主　　编　王建玉　任　川
副 主 编　袁锋华　杜　易　耿　炜
主　　审　周安庭

中国建筑工业出版社

本系列教材编写委员会

顾 问：肖绪文 沈元勤
主 任：丁舜祥
副主任：纪 迅 章小刚 宫长义 张 蔚 高延伟
委 员：王 伟 邹建刚 张 浩 韩树山 刘 剑
　　　　邹 胜 黄文胜 王建玉 解 路 郭红军
　　　　张娅玲 陈海陆 杨 虹
秘书处：
秘书长：成 宁
成 员：王 飞 施文杰 聂 伟

出版说明

　　智能建造是通过计算机技术、网络技术、机械电子技术、建造技术与管理科学的交叉融合，促使建造及施工过程实现数字化设计、机器人主导或辅助施工的工程建造方式，其已成为建筑业发展的必然趋势和转型升级的重要抓手。在推动智能建造发展的进程中，首当其冲的，是培养一大批知识结构全、创新意识强、综合素质高的应用型、复合型、未来型人才。在这一人才队伍建设中，与普通高等教育一样，职业院校同样担负着义不容辞的责任和使命。

　　传统建筑产业转型升级的浪潮，驱动着土木建筑类职业院校教育教学内容、模式、方法、手段的不断改革。与智能建造专业教学相关的教材、教法的及时更新，刻不容缓地摆在了管理者、研究者以及教学工作者的面前。正是由于这样的需求，在政府部门指导下，以企业、院校为主体，行业协会全力组织，结合行业发展和人才培养的实际，编写了这一套教材，用于职业院校智能建造类专业学生的课程教学和实践指导。

　　本系列教材根据高职院校智能建造专业教学标准要求编写，其特点是，本着"理论够用、技能实用、学以致用"的原则，既体现了前沿性与时代性，及时将智能建造领域最新的国内外科技发展前沿成果引入课堂，保证课程教学的高质量，又从职业院校学生的实际学情和就业需求出发，以实际工程应用为方向，将基础知识教学与实践教学、课堂教学与实验室、实训基地实习交叉融合，以提高学生"学"的兴趣、"知"的广度、"做"的本领。通过这样的教学，让"智能建造"从概念到理论架构、再到知识体系，并转化为实际操作的技术技能，让学生走出课堂，就能尽快胜任工作。

　　为了使教材内容更贴近生产一线，符合智能建造企业生产实践，吸收建筑行业龙头企业、科研机构、高等院校和职业院校的专家、教师参与本系列教材的编写，教材集中了产、学、研、用等方面的智慧和努力。本系列教材根据智能建造全流程、全过程的内容安排各分册，分别为《智能建造概论》《数字一体化设计技术与应用》《建筑工业化智能生产技术与应用》《建筑机器人及智能装备技术与应用》《智能施工管理技术与应用》《智慧建筑运维技术与应用》。

　　本系列教材，可供职业院校开展智能建造相关专业课程教学使用，同时，还可作为智能建造行业专业技术人员培训教材。相信经过具体的教育教学实践，本系列教材将得到进一步充实、扩展，臻于完善。

江苏省建设教育协会

序　言

随着信息技术的普及，建筑业正在经历深刻的技术变革，智能建造是信息技术与工程建造融合形成的创新建造模式，覆盖工程立项、设计、生产、施工和运维各个阶段，通过信息技术的应用，实现数字驱动下工程立项策划、一体化设计、智能生产、智能施工、智慧运维的高效协同，进而保障工程安全、提高工程质量、改善施工环境、提升建造效率，实现建筑全生命期整体效益最优，是实现建筑业高质量发展的重要途径。

做好职业教育、培养满足工程建设需求的工程技术人员和操作技能人才是实现建筑业高质量发展的基本要求。2020 年，住房和城乡建设部等 13 部门联合印发了《住房和城乡建设部等部门关于推动智能建造与建筑工业化协同发展的指导意见》(建市〔2020〕60 号)，确定了推动智能建造的指导思想、基本原则、发展目标、重点任务和保障措施，明确提出了要鼓励企业和高等院校深化合作，大力培养智能建造领域的专业技术人员，为智能建造发展提供人才后备保障。

江苏省是我国的教育大省和建筑业大省，江苏建设教育协会专注于建设行业人才的探索、研究、开发及培养，是江苏省建设行业在人才队伍建设方面具有影响力的专业性社会组织。面对智能建造人才培养的要求，江苏建设教育协会组织江苏省建筑业相关企业、高职院校共同参与，多方协作，编写了本套高等职业教育智能建造类专业"十四五"系列教材，教材涵盖了智能建造概论、一体化设计、智能生产、智能建造、智能装备、智慧运维等领域，针对职业教育智能建造专业人才培养需求，兼顾行业岗位继续培训，以学生为主体、任务为驱动，做到理论与实践相融合。这套教材的许多基础数据和案例都来自实际工程项目，以智能建造运营管理平台为依托，以 BIM 数字一体化设计、部品部件工厂化生产、智能施工、建筑机器人和智能装备、建筑产业互联网、数字交付与运维为典型应用场景，构建了"一平台、六专项"的覆盖行业全产业链、服务建筑全生命周期、融合建设工程全专业领域的应用模式和建造体系。这些内容与企业智能建造相关岗位具有很好的契合度和适应性。本系列教材既可以作为职业教育教材，也可以作为企业智能建造继续教育教材，对培养高素质技术技能型智能建造人才具有重要现实意义。

中国工程院院士

前　言

　　根据《住房和城乡建设部等部门关于推动智能建造与建筑工业化协同发展的指导意见》（建市〔2020〕60号）的要求，以教育部发布的新版《职业教育专业目录（2021年）》为依据，结合建筑工业化、数字化、智能化升级的新背景要求，适应职业院校土木建筑类专业未来人才培养需求，编写了本教材。建筑部品部件工业化智能生产，是智能建造技术中关键的环节。在对BIM模型的构建进行拆分后，会生成钢筋混凝土结构、钢结构、铝合金结构以及现代木结构部品部件。本教材从部品部件的设计图纸出发，对钢筋混凝土结构、钢结构、铝合金结构以及现代木结构部品部件图纸的审核与深化设计、加工生产、检验验收、包装入库等进行了详细讲解。

　　本教材是在校企深度合作的基础上，校企双方联合开发、共同编写的。教材根据岗位工作任务对知识、技能和素质的要求，采用模块式项目化结构，以任务驱动的方式展开，力求做到知识的系统性与实践的指导性相结合，更加符合职业院校教学的要求。

　　本教材的编写得到了江苏城乡建设职业学院、中亿丰数字科技集团有限公司等单位的大力支持。中亿丰数字科技集团有限公司、苏州城亿绿建科技股份有限公司、科腾沃建筑技术（苏州）有限公司和中亿丰罗普斯金材料科技股份有限公司的技术专家给予了全面指导，并提供了生产一线的大量工作案例，加拿大木业协会及苏州菲特威尔木结构房屋有限公司提供了现代木结构技术指导。

　　本教材由王建玉、任川任主编，袁锋华、杜易、耿炜任副主编。教材模块1、模块4由王建玉、吕祥永编写，模块2、模块3由袁锋华、刘兆民编写，模块5由杜易、张弛编写。任川、耿炜为教材的编写提供了大量案例。教材由王建玉统稿，江苏省建筑设计研究院有限公司周安庭任主审。

　　智能建造相关教材的开发与编写，是新形势下适应建筑业转型升级人才培养的新探索。在这项工作中，我们得到了参编作者及其所在单位以及广大企业的大力支持，特此鸣谢。希望使用本教材的职业院校广大师生，给我们提出意见和建议，使教材更加完善。

编　者

目　录

建筑工业化智能生产技术概述

建筑工业化智能生产

走进建筑产业化
认识建筑部品部件的工业化生产
认识基于 3D 打印的建筑部品部件生产

部品部件的智能生产

部品部件智能生产技术平台构建
部品部件智能生产的数字化应用

项目 1.1　建筑工业化智能生产

教学目标

一、知识目标

1. 了解建筑产业化在智能建造中的作用和地位；

2. 了解建筑部品部件工厂流水化生产的方法；

3. 了解基于 3D 打印的建筑部品部件生产的方法。

二、能力目标

1. 能够正确理解建筑产业化技术在智能建造中的作用；

2. 能够正确理解建筑部品部件生产技术；

3. 能举例说出具体部品部件的生产流程与方法。

三、素养目标

1. 能够了解我国建筑产业化的发展趋势，坚定理想信念；

2. 能够适应行业变化和变革，具备信息化的学习意识；

3. 能够发现问题，并提供解决方案，学会全面思考。

学习任务

了解建筑产业化与智能建造协同发展的现状，建筑部品部件的工业化生产方式。

建议学时

4 学时

思维导图

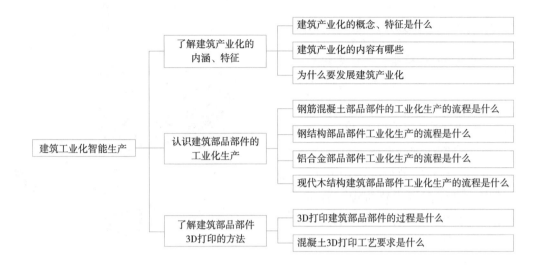

任务 1.1.1　走进建筑产业化

 任务引入

　　建筑产业化是指运用现代化管理模式，通过标准化的建筑设计以及模数化、工厂化的部品生产，实现建筑构配件的通用化和现场施工的装配化、机械化。发展建筑产业化是建筑生产方式从粗放型生产向集约型生产的根本转变，是产业现代化的必然途径和发展方向。

 知识与技能

1. 建筑产业化的本质特征

　　建筑产业化的核心是建筑生产工业化，建筑生产工业化的本质是生产标准化，生产过程机械化，建设管理规范化，建设过程集成化，技术生产科研一体化。建筑产业化的主要特征为：

　　（1）设计和施工的系统性。在实现一项工程的每一个阶段，从市场分析到工程交工都必须按计划进行。

　　（2）施工过程和施工生产的重复性。构配件生产的重复性只有当构配件能够适用于不同规模的建筑、不同使用目的和环境才有可能发生。构配件如果要进行批量生产就必须具有一种规定的形式，即定型化。

（3）建筑构配件生产的批量化。没有任何一种确定的工业化结构能够适用于所有的建筑营造需求，因此，建筑工业化必须提供一系列能够组成各种不同建筑类型的构配件。

2. 建筑产业化的内容

（1）建筑设计的标准化与体系化

建筑设计标准化，是将建筑构配件的类型、规格、质量、材料、尺度等规定统一标准。将其中建造量大、使用面积广、共性多、通用性强的建筑构配件及零部件、设备装置或建筑单元，经过综合研究编制成配套的标准设计图，进而汇编成建筑设计标准图集。标准化设计的基础是采用统一的建筑模数，减少建筑构配件的类型和规格，提高通用性，如图 1-1-1 所示。

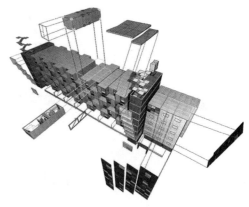

图 1-1-1　建筑设计的标准化

体系化是根据各地区的自然特点、材料供应和设计标准的不同要求，设计出多样化和系列化的定型部品部件与节点。建筑师在此基础上灵活选择不同的定型产品，组合出多样化的建筑体系。

（2）建筑构配件生产的工业化

将建筑中量多面广，易于标准化设计的建筑构配件，由工厂进行集中批量生产，采用机械化手段，提高劳动生产率和产品质量，缩短生产周期，如图 1-1-2 所示。批量生产出来的建筑构配件进入流通领域成为社会化的商品，促进建筑产品质量的提高，生产成本降低，最终推动了建筑工业化的发展。

图 1-1-2　建筑构配件生产的工业化

（3）建筑施工的装配化和机械化

建筑设计的标准化、构配件生产的工厂化和产品的商品化，使建筑机械设备和专用设备得以充分开发应用。专业性强、技术性高的工程（如桩基、钢结构、张拉膜结构、

图 1-1-3 建筑施工的装配化和机械化

预应力混凝土等项目）可由具有专业设备和技术的施工队伍承担，使建筑生产进一步走向专业化和社会化，如图 1-1-3 所示。

（4）组织管理科学化

组织管理科学化，指的是生产要素的合理组织，即按照建筑产品的技术经济规律组织建筑产品的生产。提高建筑施工和构配件生产的社会化程度，也是建筑生产组织管理科学化的重要方面。针对建筑业的特点，一是设计与产品生产、产品生产与施工方面的综合协调，使产业结构布局和生产资源合理化。二是生产与经营管理方法的科学化，要运用现代科学技术和计算机技术促进建筑工业化的快速发展。

3. 建筑产业化的主要优势

（1）设计简化

当所有的设计标准、手册、图集建立起来以后，建筑物的设计不再是像现在一样要对宏观到微观的所有细节进行逐一计算、画图，而是可以像机械设计一样尽量选择标准件以满足功能要求。

（2）施工速度快

由于构配件采用工厂预制的方式，建筑过程可以同时在现场和工厂展开，绝大部分工作已经在工厂完成，现场安装的时间很短。尤其是对天气依赖较大的混凝土施工过程，工厂化预制混凝土部品部件生产采用快速养护的方法（一般十几个小时），较现浇方式养护（一般 14 天以上）时间大大压缩。国外成熟的经验表明，预制装配式建造方式与现场现浇方式相比，节约工期 30% 以上。

（3）施工质量提高

工厂化预制生产的构配件，设备精良、工艺完善、工人熟练、质控容易，施工质量大大提高。例如：一般现浇混凝土结构的尺寸偏差会达到 8~10mm，而预制装配式混凝土结构的施工偏差在 5mm 以内。再比如：外墙装饰瓷砖如果采用现场粘贴方式，粘接强度很难保证，尤其是有外保温层的时候，耐久性较难保证；而如果采用预制挂板方式，瓷砖通过预制混凝土粘接，强度可比现场粘贴方式提高 9 倍，耐久性也大大提高。

（4）施工环境改善

由于大部分工作在工厂完成，工厂根据现场需要陆续提供构配件，因此现场施工环境大大改善，噪声、垃圾、粉尘等污染大大降低，既保护了工程施工人员，也保护了工地周围的人员。在施工速度有保障的情况下，夜间抢工的情况完全可以杜绝，减少夜间施工扰民。预制工厂的环保水平比现场状况要容易控制。

（5）劳动条件改善

在工厂上班的建筑工人劳动条件会比施工现场好很多。由于机械化、自动化程度提高，建筑工人的劳动强度降低，劳动条件可以改善。在计划周密，管理有序的情况下，没有了抢工的必要，现场建筑工人也可以严格按照 8 小时工作，保护了建筑工人的合法权益。

（6）资源能源节约

万科工业化实验楼建设过程的统计数据显示，与传统施工方式相比，工业化方式每平方米建筑面积的水耗降低 64.75%，能耗降低 37.15%，人工减少 47.35%，垃圾减少58.89%，污水减少 64.75%。其他统计数据显示，工业化建造方式比传统方式减少能耗60% 以上，减少垃圾 80% 以上，对资源节约的贡献非常显著。

（7）成本节约

上述优点直接或间接的体现在节约成本上。通过大规模、标准化生产，预制部品部件的成本可以大大降低，再加上建造过程时间、人工、能源的节约，后续质量成本的降低，工业化的建造方式可以比传统的施工方式节约成本，从而为开发商、客户带来经济利益。

（8）建筑效果丰富

混凝土作为最具可塑性的一种材料，其潜力远远没有被认识。从国外的资料可以看到，利用混凝土色彩、质感、形状的可塑性，几乎可以模仿任何其他建筑材料的装饰效果，而其耐久性、防火性优于大部分装饰材料。

（9）抗震性提高

预制装配式建筑由于可以将部品部件之间的缝隙作为抵消地震能量和容许变位的空间，其实可以比现浇建筑具有更好的抗震性，这与一般人的认识恰恰相反。采取装配式结构更便于设置减震、隔震装置，使建筑物的抗震性能提高。

（10）可持续性提高

由于质量提高，房屋使用过程的维护成本（防水、保温、表面老化等）降低；构配件可以一次制造，重复利用；将来拆除时的工程量也减少。整个生命周期的资源和能源消耗降低，可持续性提高。

任务实施

以产业化的方式重新组织建筑业是提高劳动效率、提升建筑质量的重要方式，也是我国未来建筑业的发展方向，请通过查阅文献，总结出自己的看法，用你自己的语言，解释一下建筑产业化的主要优势。

 学习小结

（1）建筑产业化的本质特征主要体现在：设计和施工的系统性，施工过程和施工生产的重复性，建筑构配件生产的批量化。

（2）建筑产业化的内容主要包括：建筑设计的标准化与体系化，建筑构配件生产的工业化，建筑施工的装配化和机械化，组织管理科学化。

（3）建筑产业化的主要优势体现在：设计简化，施工速度快，施工质量提高，施工环境改善，劳动条件改善，资源能源节约，成本节约，建筑效果丰富，抗震性提高，可持续性提高。

任务 1.1.2　认识建筑部品部件的工业化生产

 任务引入

所谓建筑工业化就是建筑的部品部件工厂化制造。部品部件的工业化生产特点是：

（1）工作的专业化程度高，生产有明确的节奏性，在流水生产线上固定生产一种或多种制品。

（2）工艺过程是封闭的，具有高度的连续性。生产设备按工艺过程依次排列，生产对象在工序间单向移动。

由于流水生产线的专业化设施布置，提高了生产效率和产量，降低了生产成本。

 知识与技能

1. 钢筋混凝土部品部件的工业化生产

钢筋混凝土部品部件的工业化生产主要包括部品部件的深化设计，模具设计、制造，钢筋加工绑扎，水电、预埋件、门窗预埋，浇筑混凝土，部品部件养护、脱模、表面处理、质量检查、成品包装、运输等环节。

（1）部品部件的深化设计

设计确定部品部件的所有预埋件型号、外饰面材料、门窗型号等。部品部件图中需明确表示配筋要求、预埋件的定位、防雷设置要求，注意避免位置冲突。部品部件图需要明确所用混凝土的强度等级。部品部件图需表达脱模的吊点、吊具型号及位置。部品部件详图明确部品部件编号、楼栋号、层号、轴线及部品部件顺序，部品部件表面喷涂相应信息。对照部品部件详图检验钢筋外露尺寸、部品部件尺寸等，发放合格证或准用证，明确部品部件验收标准，如图1-1-4所示。

（2）模具设计

由机械设计工程师根据拆解的部品部件单元设计图进行模具设计，模具多数为组合式台式钢模具。模具应具有必要的刚度和精度，既要方便组合以保证生产效率，又要便于部品部件成型后的拆模和部品部件翻身。模具图纸一般包括平台制作图、边模制作图、零配件图、模具组合图，复杂模具还包括总体或局部的三维图纸，如图1-1-5所示。

图1-1-4　部品部件的深化设计

图1-1-5　模具设计

（3）模具制造

"模具是制造业之母"，模具的好坏直接决定了部品部件产品质量的好坏和生产安装的质量和效率。预制部品部件模具的制造关键是"精度"，包括尺寸的误差精度、焊接工艺水平、模具边楞的打磨光滑程度等。模具组合后应严格按照要求涂刷隔离剂或水洗剂，如图1-1-6所示。预制部品部件的质量和精度是保证建筑质量的基础，也是预制装配整体式建筑施工的关键工序之一。为了保证部品部件质量和精度，必须采用专用的模具进行部品部件生产。预制部品部件生产前应对模具进行检查验收，严禁采用地胎模。

（4）钢筋加工绑扎

钢筋加工和绑扎工序类似于传统工艺，但应严格保证加工尺寸和绑扎精度，有条件时可采用数控钢筋加工设备。部品部件钢筋在模具内的保护层厚度应进行严格控制，采用塑料钢筋马凳控制混凝土保护层厚度，如图1-1-7所示。

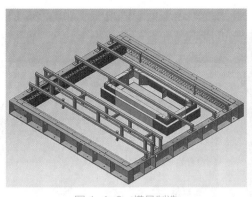

图 1-1-6 模具制造 图 1-1-7 钢筋加工绑扎

（5）水电、预埋件、门窗预埋

根据部品部件设计图纸要求进行水电、预埋件、门窗的预留预埋，并采取防止污损措施，为了保证部品部件预埋件定位准确，必要时应采用临时支架对埋件进行固定，如图 1-1-8 所示。

（6）浇筑混凝土

应按照混凝土设计配合比经过试配确定最终配合比。生产时严格控制水灰比和坍落度，浇筑和振捣应按照操作规程施工，防止漏振和过振。生产时应按照规定制作试块，并与部品部件同条件养护，如图 1-1-9 所示。

图 1-1-8 水电、预埋件、门窗预埋 图 1-1-9 浇筑混凝土

（7）部品部件养护

预制部品部件初凝后开始进行养护，养护过程禁止扰动混凝土。养护分为常温养护和加热养护方式。当气温过低或为了提高模具的周转率需要采取加热养护时，可以采用低温蒸汽养护、电加热养护、红外线加热养护、微波加热养护等形式。加热温度宜控制在 60~80℃，同时要采取有效措施，防止部品部件表面水分蒸发过快造成干缩。根据工艺要求，可以一次加热养护达到设计强度要求，也可以达到 70% 强度后转入自然养护，如图 1-1-10 所示。

（8）部品部件脱模

当部品部件混凝土强度达到设计强度的 30% 并不低于 C15 时，可以拆除边模；部品部件翻身强度不得低于设计强度的 70%，且强度等级不低于 C20；经过复核满足翻身和吊装要求时，允许将部品部件翻身和起吊；当部品部件强度等级大于 C15，低于设计强度的 70% 时，应和模具平台一起翻身，不得直接起吊部品部件翻身，如图 1-1-11 所示。

图 1-1-10　部品部件养护

图 1-1-11　部品部件脱模

（9）部品部件表面处理

预制部品部件脱模后，应及时进行表面检查，对缺陷部位进行修补，表面观感质量的要求参照设计和合同要求，同时对水洗面进行冲洗。

（10）部品部件质量检查

部品部件达到设计强度时，应对预制部品部件进行最后的质量检查，应根据部品部件设计图纸逐项检查，检查内容包括：部品部件外观与设计是否相符、预埋件情况、混凝土试块强度、表面瑕疵和现场处理情况等，逐项列表登记，确保不合格产品不出厂，质检表格不少于一式三份，随部品部件发货两份，存档一份。

（11）部品部件成品包装

经过质检合格的部品部件方可作为成品，可以入库或运输发货，必要时应采取成品保护措施，如包装、护角、贴膜等。

（12）部品部件运输

部品部件运输应根据部品部件特点和运输工具确定合适的方案，包括装车、运输、卸货的方式方法、注意事项等，每一个项目均应该单独制定运输方案，报监理审批。

2. 钢结构部品部件工业化生产

钢结构部品部件工业化生产主要包括下料、组对、焊接、校正、涂装和打包等环节，如图 1-1-12 所示。

（1）下料

下料就是把钢板或型材加工成图纸所要求的零件或部件。

钢板的下料：首先是找 90°，然后用卷尺和粉线画出切割范围（根据板厚加上切割余量），需钻孔的进行钻孔，需开坡口的进行坡口加工。

型材的下料：首先用座尺或弯尺找 90°，然后画切割线（加上切割余量），需钻孔的

图 1-1-12 钢结构部品部件工业化生产

进行钻孔，需开坡口的进行坡口加工。

余料的接料：板材接料和型材接料。

（2）组对

组对就是按照图纸要求把下好料的零件或部件组对成所需的部品部件。

零部件的组对：H 型钢组对、牛腿组对、柱脚组对等。

部品部件的组对：柱子系统（柱及柱间支撑）、吊车梁系统（吊车梁制动板辅助桁架水平撑）、屋面系统（托梁、屋面梁、支撑、檩条、天窗、天沟）、墙皮系统（墙皮柱、抗风柱、支撑、檩条、拉条）。

（3）焊接

焊接就是把零件或部件通过金属融合连接起来形成一个部件或构体。焊接方法主要有交流手把焊、直流手把焊、埋弧焊、气体保护焊、电渣焊和碳弧刨。

（4）校正

校正就是把零部件的变形矫正过来，以达到设计要求。校正的方法主要有机械校正和火焰校正。

（5）涂装

涂装就是部品部件基底处理好后进行喷涂油漆和涂料，对钢部品部件起到保护作用。要做好涂装温度和湿度控制，以及漆膜厚度控制。

（6）打包

打包就是把部品部件用相应的材料包装固定好，并做好部品部件的标识，包括部品部件名称、编号、箱号、中心线、标高线、重心吊点等。

3. 铝合金部品部件工业化生产

铝合金部品部件的生产流程主要包括断料、钻孔和组装三个过程，如图 1-1-13 所示。

图 1-1-13　铝合金部品部件工业化生产

（1）断料

断料，又称"下料"，是铝合金部品部件制作的第一道工序，也是关键的工序。断料主要使用切割设备，材料长度应根据设计要求并参考部品部件施工大样图来确定，要求切割准确；否则，部品部件的方正难以保证，断料尺寸误差值应控制在 2mm 范围内。一般来说，推拉门窗断料宜采用直角切割；平开门窗断料宜采用 45° 角切割；其他类型应根据拼装方式来选用切割方式。

（2）钻孔

铝合金部品部件的框扇组装一般采用螺栓连接，因此不论是横竖杆件的组装，还是配件的固定，均需要在相应的位置钻孔。型材钻孔可以用小型台钻或手枪式电钻，前者由于有工作台，所以能有效保证钻孔位置的精确度；而后者操作方便。钻孔前应根据组装要求在型材上弹线定位，要求钻孔位置准确，孔径合适，不可在型材表面反复更改钻孔，因为孔一旦形成，则难以修复。

（3）组装

将型材根据施工大样图要求通过连接件用螺栓连接组装。铝合金部品部件的组装方式有 45° 角对接、直角对接和垂直对接三种。横竖杆的连接，一般采用专用的连接件或铝角码，再用螺钉、螺栓或铝角码固定。

4. 现代木结构建筑部品部件工业化生产

现代木结构建筑部品部件工业化生产的加工流程主要包括干燥、木材分类、指接、再次抛光、喷胶及胶合、固化养护和油漆保护等环节，如图 1-1-14 所示。

（1）干燥。木材在大于 55℃ 的环境下干燥 2 天以上至木材含水量为 10%~12%，然后预加工。

（2）木材分类。将木材四面刨光加工并分类。剔除木材的木结疤缺陷及有树脂的地方。

图 1-1-14 现代木结构建筑部品部件工业化生产

（3）指接。两块板条的端部梳齿加工并压力粘合。通过指接方式，可以节约木材并容易组成同规格的木材。

（4）再次抛光。木材再次抛光统一厚度，便于木材加工面的胶合。

（5）喷胶及胶合。在木材表面喷胶后，将木材与木材或其他材料的表面胶接成一体。

（6）固化养护。固化并养护一定时间后，可以进行加工处理。

（7）油漆保护。工程木大小要经过严格核算，虽然价格比原木要贵一点，但是使用寿命及性能都大大提高，对养护好的工程木进行油漆保护。

 任务实施

通过参观和查阅资料，用自己的语言对钢筋混凝土结构、钢结构、铝合金结构以及现代木结构建筑部品部件的工业化生产的设备、过程以及工艺要求进行概要描述。

 学习小结

（1）钢筋混凝土部品部件的工业化生产的主要包括部品部件的深化设计，模具设计、制造，钢筋加工绑扎，水电、预埋件、门窗预埋，浇筑混凝土，部品部件养护、脱模、表面处理、质量检查、成品包装、运输等环节。

（2）钢结构部品部件的工业化生产的主要包括下料、组对、焊接、校正、涂装和打包等环节。

（3）铝合金部品部件的工业化生产流程主要包括断料、钻孔和组装三个过程。

（4）现代木结构建筑部品部件工业化生产的加工流程主要包括干燥、木材分类、指接、再次抛光、喷胶及胶合、固化养护和油漆保护等环节。

任务 1.1.3　认识基于 3D 打印的建筑部品部件生产

 任务引入

　　基于 3D 打印的建筑部品部件生产就是将混凝土部品部件利用计算机进行 3D 建模和分割生产三维信息，然后将配制好的混凝土拌合物通过挤出装置，按照设定好的程序，通过机械控制，由喷嘴挤出进行打印，最后得到混凝土部品部件。

 知识与技能

1. 3D 打印建筑部品部件的过程

　　典型的混凝土 3D 打印过程遵循数据准备、混凝土材料准备和 3D 打印三个阶段。

　　（1）数据准备

　　数据准备阶段涉及机械臂的路径生成。将喷嘴连接到机械臂上，它在巨大导轨的帮助下四处移动，形成了打印区域的边界。带有喷嘴的机械臂以与 FDM3D 打印机中的挤出机相同的方式在区域范围内移动。

　　高级软件可创建 3D 打印模型的各个切片，然后绘制路径并优化手臂的运动以 3D 打印混凝土结构。

　　（2）混凝土材料准备

　　混凝土材料准备阶段准备用于 3D 打印机的材料。与其他传统 3D 打印材料相比，混凝土材料更难加工。准备、混合混凝土 3D 打印材料并将其装入容器是材料准备阶段的主要工作。

　　（3）3D 打印

　　在打印过程中根据需要将制备的材料泵入喷嘴。在此阶段，影响 3D 打印质量的四个因素为：

　　可泵送性：材料通过泵输送系统的容易程度。

　　可印刷性：使用沉积设备可以轻松和可靠地沉积材料。

　　可建造性：沉积的湿材料在负载下对变形的抵抗力。

　　开放时间：其他三个属性在可接受的容差范围内保持一致的时间段。

　　在混凝土 3D 打印过程中，新拌混凝土的性能，特别是其泵送性和可建造性，会随着时间的推移变差，因此平衡它以获得令人满意的结果至关重要。

2. 混凝土 3D 打印工艺

目前有多种建筑 3D 打印技术，但通常通过龙门系统或机械臂系统进行打印。

在龙门系统中，操纵器是一种操纵混凝土材料的装置，无需操作员进行物理接触，其安装在顶部以在 XYZ 坐标中定位打印喷嘴，但这也限制了 3D 打印机的自由度，如图 1-1-15 所示。

在机械臂系统中，由于它消除了机械手的使用，系统为喷嘴提供了额外的自由度，允许更准确的打印工作流程，例如使用切向连续性方法打印，如图 1-1-16 所示。

图 1-1-15　龙门系统混凝土 3D 打印　　　图 1-1-16　机械臂系统混凝土 3D 打印

 任务实施

通过参观和查阅资料，用自己的语言对龙门系统混凝土 3D 打印和机械臂系统混凝土 3D 打印的设备、过程以及工艺要求进行概要描述。

 学习小结

（1）典型的混凝土 3D 打印过程包括数据准备、混凝土材料准备和 3D 打印三个阶段。

（2）典型的混凝土 3D 打印主要通过龙门系统或机械臂系统进行。

知识拓展

建筑工业化的主要技术路线包括以下五个方面：

（1）预制装配技术

预制装配建筑的主要特点是部品部件在工厂制作，然后运送到现场，用机械或人工进行安装。该施工方法比传统方法节省人工 25% ~30%、降低造价 10% ~15%、缩短工期 50% 左右。

码 1-1-1
项目 1.1 知识拓展

由于部品部件是在一定工艺流水线上加工生产，因而有利于广泛采用预应力等技术，既节约生产原料，且质量稳定，还可以大量利用工业废料，如粉煤灰矿渣。

（2）现浇工艺与预制装配相结合的技术

这种技术是梁、柱及框架部品部件均为现场浇筑，楼板、墙体及小部品部件采用预制。其优点是建筑物整体性强，平面布置灵活，简化大型部品部件的运输工作。例如：高层建筑中墙体、电梯井筒等采用滑膜现浇工艺或大模板现浇工艺，楼板采用预制装配式或装配整体式、叠合楼板等。

（3）大模板和泵送混凝土技术

自 20 世纪 80 年代以来，我国的建筑事业飞速发展，房屋跨度越来越大，高度越来越高，建筑结构的抗风抗震要求越来越高。建筑企业既要缩短工期，又要不影响房屋结构整体性，促使建筑技术和建筑装备不断更新，出现了钢管支撑、悬挑式和外挂式脚手板、钢模板组合模板、大型的木工板和泵送混凝土等施工技术。如全国大中城市中木工板和泵送混凝土的应用，全面满足了建筑发展的要求。

（4）多、高层建筑的钢结构技术

在 20 世纪 50~60 年代，钢结构一般用于单层大跨的厂房，更多用作钢结构屋架和桁架；1970 年代以后在大跨度的民用建筑中钢结构网架逐渐得到应用；1990 年代后，随着我国钢铁业的迅猛发展，轻钢结构在钢结构多层厂房、仓库、住宅、办公、商场等民用多、高层建筑中开始广泛应用。

（5）大跨空间钢结构建造技术

空间结构是一种具有三维空间的形体和三维受力特性的结构。大跨空间结构包括网架结构、网壳结构、薄壳结构、管桁架结构、悬索结构和膜结构等。它广泛应用于体育馆、影剧院、展览馆、航站楼、大跨度桥梁等大型公共建筑中。

习题与思考

一、填空题

1. 建筑生产工业化的本质是生产标准化，生产过程_____，建设管理_____，建设过程_____，技术生产科研_____。

2. 钢筋混凝土部品部件的工业化生产的主要环节包括部品部件的_____，模具_____，钢筋_____，水电、预埋件、门窗预埋，浇筑混凝土，部品部件养护、脱模、表面处理、质量检查、成本包装等环节。

码 1-1-2
项目 1.1 习题与思考参考答案

3. 钢结构部品部件的工业化生产的主要环节包括_____、_____、_____、_____、涂装和打包等环节。

4. 铝合金部品部件的生产流程主要包括_____、_____和_____三个过程。

二、简答题

1. 建筑设计标准化的基本内涵是什么？

2. 建筑产业化的主要特征是什么？

3. 建筑产业化的主要优势是什么？

4. 部品部件的工业化生产特点是什么？

5. 简要说明 3D 打印建筑部品部件的过程。

6. 简要说明现代木结构建筑部品部件工业化生产的加工流程。

三、讨论题

1. 上网搜索"建筑产业化"，分组讨论我国建筑产业化的发展背景和趋势。

2. 结合参观与文献查询，在自己的职业规划和学习中，怎样积极努力，在行业转型中发挥自己的作用？

项目 1.2　部品部件的智能生产

教学目标

一、知识目标

1. 了解基于 5G 智能生产网络技术平台的构建方法；
2. 了解基于 AICloud 工业互联网技术平台的构建方法；
3. 掌握部品部件智能生产数字化应用的场景和方法。

二、能力目标

1. 能够正确理解网络技术平台构建的要求；
2. 能够正确理解工业互联网平台构建的要求；
3. 能说出具体部品部件生产数字化应用的方法。

三、素养目标

1. 能够学会全面思考，具有举一反三的能力；
2. 能够具备良好的思想品德和吃苦耐劳的职业素养。

学习任务

　　了解部品部件智能化技术平台的构建要求，及建筑部品部件生产过程中数字化技术的应用方法。

建议学时

　　4 学时

思维导图

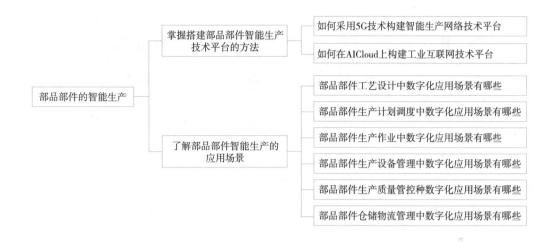

任务 1.2.1   部品部件智能生产技术平台构建

 任务引入

部品部件智能生产是一种基于现代化科技和工业自动化技术的生产模式，旨在通过智能设备和机器人等高科技手段，实现工业生产的自动化和智能化，从而提高生产效率和质量。

部品部件智能生产并非是依靠某一系统就能实现的，需要将企业的设计、生产、管理和控制的实时信息引入企业的生产和计划中，实现信息流的无缝集成，采用 ERP/PM/ES/PCS 集成产品数据管理、生产计划与执行控制，是实现智能化制造的一个有效解决方案。

实现部品部件智能生产的首要条件是信息的交流与共享，必须构建覆盖所有应用的网络技术平台，同时为了将多种应用进行集成管理也需要构建工业互联网平台。

知识与技能

1. 基于 5G 智能生产网络技术平台的构建

（1）网络技术平台的总体架构

为了将部品部件智能生产的信息进行交流和共享，需要构建基于 5G 的网络技术平台。独立组网（Standalone，SA）是 5G 网络的一种模式，独立于 4G 网络单独组网，

5G 与 4G 仅在核心网级互通，终端仅连接新空口（New Radio，NR）的无线接入技术。网络技术平台的总体架构如图 1-2-1 所示。

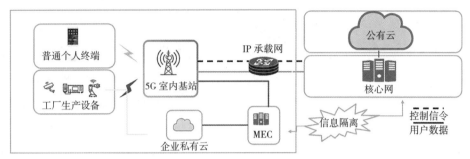

图 1-2-1　网络技术平台的总体架构

5G 网络在公网的基础上，通过专网和移动边缘计算（Mobile Edge Computing，MEC）等技术手段，提供专用切片及专用用户面（User Plane Function，UPF）下沉到厂区，满足公司数据不出厂区、超低时延、专属网络的需求，达到数据流量卸载、本地业务处理的效果。

在部品部件的智能生产工厂主要有设备网、办公网、5G 网、管理网四个网络，每个网络之间都是相互隔离。依据最小访问原则设置相关的访问策略，以充分保障车间网络的安全。设备网主要用于车间设备、制造执行系统（Manufacturing Execution System，MES）终端信息采集等与车间生产运行相关的设备间联网；办公网主要用于车间管理人员、办公人员正常办公的联网；5G 网络用于车间内无线小车、PDA 扫码、数据采集等依赖于无线网络环境的相关设备的联网；管理网是安装各节点操作系统时设置的"IP 网络"，主要用于用户访问管理界面和管控节点向计算节点发送管控指令等。

为了确保设备数据采集网络与现有网络不冲突，而且能够提供安全可靠的网络通信功能，针对采集对象搭建设备专网。设备专网包括：选择各产线中的一个节点与新配置的车间交换机进行连接；将车间各新配置的交换机与核心交换机进行连接；为网络中各设备分配 IP，划分网络，完成网络配置与测试。

（2）无线侧组网方案

部品部件智能生产的应用主体为室内场景，辅助以厂区内室外环境，可采用室分 + 室外基站的方式进行 5G 无线覆盖，在楼顶、厂区内信号塔等区域增加 5G 基站，同时根据用户车间内的基建情况，结合业务对网络的需求，完成 5G 信号室内覆盖。5G 无线频段一般选择 2.6GHz 中频和 4.9GHz 高频。

2.6GHz 中频：用于基础覆盖，覆盖范围广，穿透强，高带宽低时延，可实现 5G 基础大部分低时延、高带宽下行业务。

4.9GHz 高频：用于热点覆盖，适用于高上行需求业务。如单小区上行需求大于 50Mbps，建议增加 4.9G 覆盖。

（3）核心网组网方案

核心网采用 5G+MEC 的方案，整体采用 SA 架构方案，核心网具备异地容灾能力，基于服务化架构（Service-based Architecture，SBA），采用网络功能虚拟（Network Function Virtualization，NFV）的云化部署方案，控制面和转发面集中部署，支持 SA/SBA/CUPS/ 切片 / 微服务 /5G 业务流程，及控制与转发分离、网络功能模块化设计、接口服务化和网络切片等，以满足 5G 网络灵活、高效、开放的发展趋势，如图 1-2-2 所示。

图 1-2-2　核心网

MEC 通过将计算存储能力随着业务服务能力向网络边缘迁移，使应用、服务和内容，可以实现本地化、近距离、分布式部署，解决大带宽、低时延等业务需求，可以充分满足企业对 5G 机器视觉、AR 应用结合和远程控制等各类业务需求。

5G SA+MEC 为智能生产工厂提供网络能力开放，进一步提升和完善工业化场景下的业务能力。在该组网条件下，可实现：

1）企业用户（含 AGV/RGV 小车、立库堆垛机、监控摄像头、机械臂等）通过园区基站接入，企业用户只能访问园区专网；

2）UPF 下沉并部署边缘计算，UPF 可放置在厂区数字中心机房中，控制时延，节省带宽，满足企业数据不出厂区、业务低时延需求；

3）企业本地部署 MEC 和云平台，既可以连接企业服务器，也可在云端部署业务；

4）规划不同的数据网络名称（Data Network Name，DNN），区分普通用户与企业专网用户，普通用户无法接入企业内网，确保数据安全。

2. 基于 AICloud 工业互联网技术平台的构建

AICloud 作为"云边融合"的计算架构，将云计算能力延伸至用户现场，提供可临时离线、低延时的计算服务，包括设备接入、数据处理、数据上报、流式计算、函数计算、AI 推断等功能。

技术平台分为硬件平台和软件平台，硬件平台采用传统虚拟化技术及超融合技术共同组成混合云平台，保证各应用软件安全稳定运行，并极大提升服务器资源的利用率；软件平台通过系统对接技术，对办公自动化（Office Automation，OA）系统、生产执行系统（Manufacturing Execution System，MES）、产品生命周期管理（Product Lifecycle Management，PLM）系统、仓库管理系统（Warehouse Management System，WMS）进行深度集成，形成一个端到端的业务执行系统，覆盖销售、采购、生产、技术、品质、财务等所有业务模块。AICloud 工业互联网技术平台架构如图 1-2-3 所示。

图 1-2-3　AICloud 工业互联网技术平台架构

平台基于 Nginx+Tomcat 搭建 Web 服务器，实现负载均衡，关键模块支持 200+ 的并发访问，采用 Redis 缓存支撑应用平台界面操作灵敏，看板及查询数据高速响应。API 模块向外提供的数据接口，包括实时数据、历史数据、统计分析数据、算法模型调用、数据导入等多种数据交互接口。采用鉴权、授信管理等访问控制，确保对平台、接口、数据等资源的安全访问。

平台通过 5G 网络搭建云边协同服务架构，服务器具备机器学习库和场景化算法模型训练迭代服务，提供预测分析接口或下发模型至边缘终端，实现边缘智能分析，边缘分析结果可实时展示并上传到数据服务层进行统计分析应用。

通过 AICloud 工业互联网平台采集的生产运行数据可以实现与场景数据互动，实现领导驾驶舱与三维数字化车间的透明化管理，建设一眼看全、一眼看穿的数据中心，数据中心如图 1-2-4 所示。

图 1-2-4　数据中心

将 AICloud 工业互联网平台架构于阿里云服务器，由阿里云负责数据存储安全，同时在车间所有电脑上均安装了正版的防病毒软件，对计算机病毒、有害电子邮件有整套的防范措施，防止有害信息对系统的干扰和破坏，如图 1-2-5 所示。平台通过网络安全管理制度对车间网络操作加以管控。

图 1-2-5　数据安全和应用安全

 任务实施

构建部品部件生产工厂的网络平台和工业互联网络平台是实现智能生产的基础条件。请通过文献的查阅后，完成以下任务：

（1）说明建筑部品部件生产厂家部署基于 5G 平台所需要设备和技术。

（2）说明 AICloud 工业互联网平台的特点和应用场景。

 学习小结

（1）基于 5G 智能生产网络技术平台的构建主要包括确定网络技术平台的总体架构，选择无线侧组网方案，及核心网组网方案。

（2）基于 AICloud 工业互联网技术平台的构建主要是将云计算能力延伸至用户现场，提供可临时离线、低延时的计算服务，包括设备接入、数据处理、数据上报、流式计算、函数计算、AI 推断等功能。

任务 1.2.2　部品部件智能生产的数字化应用

 任务引入

部品部件智能生产与传统的生产方式相比较，主要在生产自动化、控制自动化、管理信息化、协同智能化和市场导向方面进行推广和应用，逐渐帮助企业实现了人力成本降低、质量提升、损耗降低等效果，也给行业带来了新的信息化、数字化的运营模式和与大数据相结合的市场导向型营销模式。

 知识与技能

1. 部品部件工艺设计的数字化应用

（1）铝合金部品部件模具设计与挤压仿真模拟

仿真挤压环境，通过模拟挤压过程，得出模具在挤压过程中产生的变形和铝流流速快慢，设计人员根据模拟结果优化设计方案，避免模具强度不足引起的模具失效报废，提高模具试模成功率，减少试模次数，从而减少原材料及能源使用，如图 1-2-6 所示。

（2）3D 打印应用于型材造型设计

先通过计算机建模软件建模，再将建成的三维模型"分区"成逐层的截面，即切片，从而指导打印机逐层打印。设计软件和打印机之间协作的标准文件格式是 STL。一个 STL 文件使用三角面来近似模拟物体的表面。三角面越小其生成的表面分辨率越高。PLY 是一种通过扫描产生三维文件的扫描器，其生成的 VRML 或者 WRL 文件经常被用作全彩打印的输入文件，3D 设计打印如图 1-2-7 所示。

（3）门窗和幕墙产品三维设计协同

门窗设计软件能够为经销商建立详细的客户资料，建立完善的项目合同管理系统。在窗型资源管理库中直接调用窗型，可以按照客户的需求自由设计窗型，无需再到 CAD

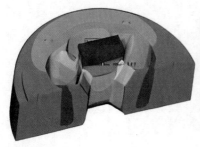

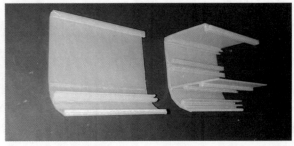

图 1-2-6　模具仿真设计页面　　　　　图 1-2-7　3D 设计打印

中设计，如图 1-2-8 所示。窗型设计完成后销售门店可以直接针对客户进行报价确认，大量缩短了报价时间。合同通过软件传达给生产，生产人员通过软件打印大样图纸、优化型材表单。优化后的生产加工放样单，直接下发到车间生产，很大程度上减少了员工手工算料、优化型材的时间，提高了生产效率，节约了成本。

2. 部品部件生产计划调度的数字化应用

（1）多系统协同实现计划调度

依赖于 5G 网络的低延时、高可靠特性，将原料、设备、人员、模具等生产执行系统（MES）的信息反馈至高级计划排产系统（APS），APS 通过后台排产规则模型、计划数据模型等快速计算出最优生产计划或执行调整计划等，反向指导生产设备和物流设备进行协同作业。同时 APS 需要与企业管理系统（SAP）进行信息交互，如图 1-2-9 所示。

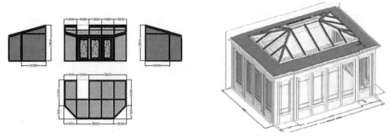

图 1-2-8　门窗设计软件页面

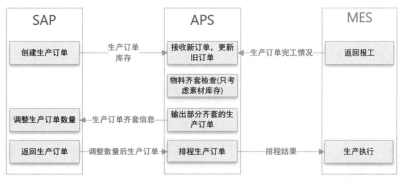

图 1-2-9　排产数据交互过程

计划员在排程时，可以选择是否启用属于同一个销售订单的素材齐套入库（以下简称"齐套入库"）。如果不选择齐套入库，则系统按照正向排程以优化资源的方式进行排程；如果选择齐套入库，则系统先按照正向排程方式进行排程，然后以属于同一个销售订单的最迟完工的生产订单结束时间，倒排其他生产订单，以达到齐套入库的目的。同时，计划员可以通过资源利用率报表和入库齐套率报表对比排程结果。

将 APS 与 SAP、MES 数据的深度融合，并结合订单和库存情况，运行物料需求计划运算和选定排产模型，实现生产计划制定、排产、派工、物料调度、模具调度等功能。

（2）自动生成生产计划和详细生产作业计划

系统提供排产前对订单进行多维度分析，从而支持用户在排产时进行产线任务分配，而在排产过程中，系统提供约束规则验证，支持用户快速优化决策。

根据计划单下达 SAP 系统生产订单后，其数据集成给了 MES，MES 的完工情况将反馈给 APS。APS 根据模具、物料、设备、人员等情况进行自动化排产，围绕客户需求开展制造资源的自动配置和柔性调度，满足多品种、大批量、生产换线频繁的个性化定制需求。通过 APS 两级排产，生产任务的精细度将细化到设备、生产线、班组和时间。

（3）排产异常预警

SAP 是业务管理以及生产管理的核心系统，订单信息传递到 SAP 后，通过 SAP 订单的传递，由 APS 进行自动排产，并对材料齐套进行检查。若存在供货缺口，则产生紧急补货需求，并生成排产预警，提醒相关工作人员对排产计划进行人工干预，补货不能满足生产需求时延迟相关订单生产。

除了上述的排产异常预警之外还可以通过 B2B 经销商平台和 ERP 集成，建立产品需求预测模型，及科学的商品生产方案分析系统，结合用户需求与产品生产能力，形成满足消费者预期的产品品类、数量、组合预测，实现对市场的预知性判断，如图 1-2-10 所示。

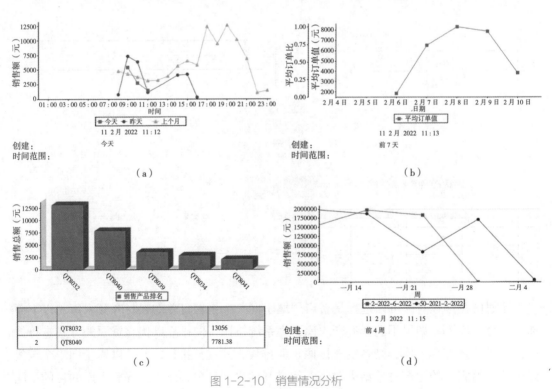

图 1-2-10　销售情况分析

（a）每小时销售量；（b）周订单；（c）热销产品；（d）月销售量

3. 部品部件生产作业的数字化应用

通过 MES 制造执行系统，在生产采集终端可查询产品图纸、工艺参数等技术文件及物料清单（BOM）作业信息。其可解决产品生产工艺信息、产品制造主数据、制造过程数据及时收集反馈及有效集成等问题，实现制造执行系统中生产任务管理、内部物流管理、设备管理、质量管理、数据采集、人员绩效管理等各项功能，充分发挥 MES 在信息化系统中承上启下的作用，从而实现制造过程精细化管理，提升制造型企业的整体制造执行能力。结合基于 5G 技术的设备互联互通，实现设备状态可视化、生产进度可视化、物流数据可视化、生产异常快速响应等功能，如图 1-2-11 所示。

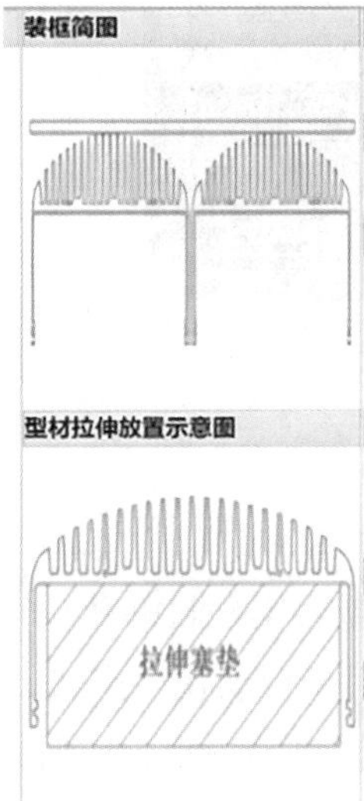

装框简图				铝棒温度	
	温度管控：	480±10℃	一区 430℃	二区	450℃
				模具/专用垫温度	
	温度管控：	480±10℃		一区	430℃
				挤压	
	挤压筒温度1：	410±10℃	突破压力：		160kg/cm²
	挤压筒温度2：	420±10℃	挤压速度：		3mm/s
	出料口温度：	520~540℃	压余厚度：		25mm
型材拉伸放置示意图				淬火（风淬）	
	上1风冷风量：	0.3m³/h	下1风冷风量：		0.3m³/h
	上2风冷风量：	0.3m³/h	下2风冷风量：		0.3m³/h
				牵引机	
拉伸塞垫	预设牵引力：	25~30kg	牵引程序：		1
				风冷	
	台下风机预设风量：	全开	2组风机风量：		全开
	1组风机风量：	全开	3组风机风量：		全开

图 1-2-11　生产作业的可视化

PLM 系统接收到订单参数信息后，根据参数信息查找对应的模板进行订单 BOM 配置，生成实例化订单 BOM；调用 SAP 提供的物料主数据接口，将新生成的物料传递给 SAP 系统；根据参数信息和工艺路线模板，默认创建所有机台的工艺路线和物料 BOM；APS 根据生产订单可以自动获取 PLM 中所有的实例化工艺路线和物料 BOM；产品型号确定后将工艺参数推送给 MES；工艺简图由 PLM 三维驱动自动生成，通过 FTP 传到指定的共享服务器，由 MES 读取。

MES 系统能够对生产过程数据实时记录、透明监控，最后在工单完工并自动反馈生产实绩给 SAP 系统。在生产过程中全面实现自动报工，生产过程透明可视，能够提供异常规范化处理及标准化作业指导。

工业物联网系统下位机软件运行于西门子 PLC 中，实现设备层的网络组态，确保设备层工艺参数、运行状态等数据的实时抽取、处理、转存与汇总，实时进行数据采集与处理。采集与处理来自生产线的设备数据，将数据存储到 MySQL、MS SQL Server 或 Oracle 关系数据库以及 MongoDB 或 Redis 时序数据库中，同时根据需要发布报警信息。

对技术基础数据及工艺参数进行建模，建立工艺资源数据库，系统会自动设计出产品的工艺流程（生产工艺路线），同时根据基于5G的工业物联网平台反馈工艺参数以及产品的相关参数，进行实际工艺分析和控制，如果出现偏差控制工艺设备进行优化和修正。例如喷涂前处理，将5G槽液的实时监控数据回传给工业控制分析系统，实现前处理阶段设备的自动化控制，自动调节槽液的温度和浓度，以满足生产工艺要求，如图1-2-12所示。

图 1-2-12　前处理工艺监控与自动调节装置

4. 部品部件生产设备管理的数字化应用

（1）关键工序设备的自动化生产

为提升产品加工精度，保证产品加工品质，关键工序需要实现自动化生产。如铝合金部品部件生产的铝型材挤压、型材表面处理等都可以采用全自动化生产线，如图1-2-13所示。整个生产过程均由电脑控制，自动运行，工艺数据自动采集，实时监控，保证产品品质的稳定性。

（2）工厂设备数字孪生

通过数字孪生技术将设备运行实时数据、统计分析等数据与三维模型融合，通过对系统进行组态，对需要显示的事件和各种制造过程信息进行订阅，实时显示各类信息和总体运行状况，如图1-2-14所示。

图 1-2-13　铝合金部品部件自动化生产线

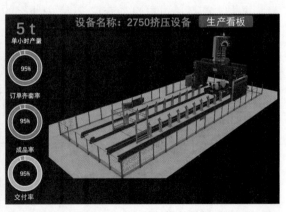

图 1-2-14　设备数字孪生

（3）工厂设备运行优化

过程设备管理模块对工厂设备的运行进行优化，其功能主要包括设备档案、点检、保养、计划检修、故障维修、备件采购/库管、委外维护、改进管理、维护知识库等。以全员生产维护先进理念为指导，通过基准书展开到日历，推动维护工作的规范化。重视和提升设备维护工作，从"被动修好"逐步过渡到通过周期维护/预防维护的"用时无故障"，并与设备提升工作衔接，设备状态监控如图1-2-15所示。

针对核心设备、关键工艺设备加强故障预测、预防性维护。采用5G终端对核心部件的运行状态进行边缘数据采集，常规参数在边缘层进行分析，及时把异常信息反馈给现场管理人员，将实时数据传输到云平台上，并结合部件使用寿命、历史运行数据等进行分析，提前预知设备的异常状态，从而最小化避免设备的停机维护，如图1-2-16所示。

图1-2-15　设备状态监控

图1-2-16　设备故障报警

5. 部品部件生产质量管控的数字化应用

（1）工艺分析与预警优化

对技术基础数据及工艺参数进行建模，收集整理工艺技术标准及工艺经验，建立工艺资源数据库。在系统中利用软件实现准确、快速编制工艺（有防错功能），系统自动设计产品的工艺路线（生产工艺流程），同时根据后续 MES 系统对设备工艺以及产品参数的反馈，对工艺流程进行优化和修正，并自动报警，如图 1-2-17 所示。

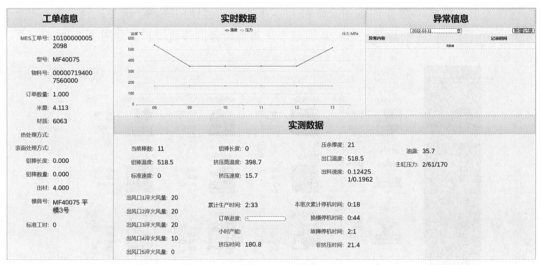

图 1-2-17　工艺数据实时采集和反馈

（2）5G+ 视觉在线检测

高质量的铝合金型材是制造高端装备的基础，通过对铝合金外形和表面质量进行检测，及时获取型材的加工质量、产线的加工状态，从而指导参数调整，能够显著提高铝合金型材的加工质量。利用 5G 数据通道实现机器视觉终端与云端 QMS 系统对接，将高清图像实时回传至 QMS 云平台，经过图像识别、对比和分析后进行控制指令快速下发，及时记录、跟踪和处理质量问题，快速应对机制可减少原材料损失，提高产品质量，如图 1-2-18 所示。基于 5G 的 QMS 可实现视觉质检项目远程运维与数据不出厂，提高用户体验并保障数据安全。

除此之外还使用扫描仪的镜像装置，将实际生产型材截面尺寸同型材标准图纸进行匹配，并将实际匹配信息进行数据反馈并输出检测报告，还能够同 MES 进行自动化关联，从而达到对挤压型材进行自动化检测，如图 1-2-19 所示。

（3）质量全流程追溯

以条形码、RFID、移动识别技术、移动应用程序为数据载体的质量追溯管理体系，涵盖物料从采购到售后整个寿命周期中质量控制和质量保证的各环节。系统使用结构化

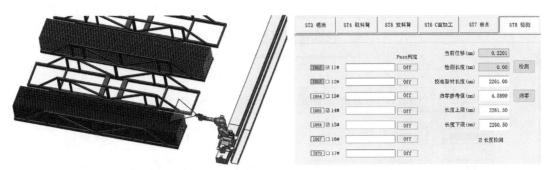

图 1-2-18 时效工艺后的型材校验和检测示意图　　　　图 1-2-19 铝合金型材关键尺寸在线检测

质检标准，检验时参照质检标准记录实测数据，极大地改善了数据的完整性和可用性，如图 1-2-20 所示。

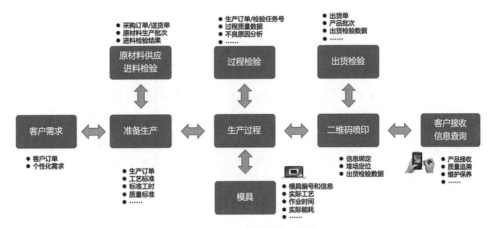

图 1-2-20 质量全流程追溯

通过"一物一码"实现每个工序和工艺的作业流程都有码可循，满足正向和反向的追溯需求，一旦出现问题既可以正向追溯至商品的最终到达地，还可以反向追溯至各业务环节，满足货品质量的管控要求。

6. 部品部件仓储物流管理的数字化应用

（1）仓储管理的数字化应用

仓库管理系统（WMS）与 ERP、MES、APS 等多种软件系统对接，可更好地提高企业管理的深度和广度。仓储管理系统由自动存储立体区、出入库输送系统、电气控制系统、计算机监控调度系统和信息管理系统等组成，实现入库管理、出库管理、基础信息管理、库存管理、报表管理和用户管理，如图 1-2-21 所示。

建立在 SAP、MES 和 PDA 扫码及 5G 网络基础上的物流系统，可实现物动单到，无缝对接，实时呈现，基本上实现智能仓储、智能理货。通过 PDA 扫描设备对设备条形码、流转条形码进行扫描，实现物动单到，无缝对接，及生产过程可追溯。采用条形码和移

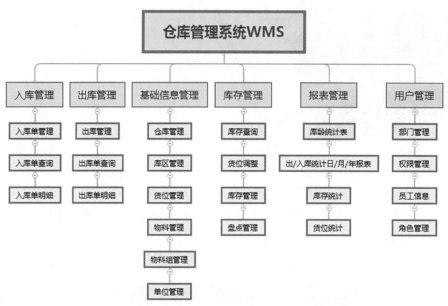

图1-2-21 仓库管理系统核心功能

动扫描终端识别系统记录产品整个生产、包装、入库及物流配送过程。

自动化立体仓库的设计库存物资均以料框、托盘为单元，以条形码为标识，以SAP为依托，全部入库信息来自上一道工序，运行仓储物流管理软件，实现库存数据的准确记录、查询、汇总和统计。仓库要有一套控制管理系统，可独立运行，同时可与SAP无缝对接，进行数据交换。

采用库存计划方法与物料需求计划方法结合，并在SAP中实施库存控制策略，确保了库存量的最小化。同时所有货物会绑定到周转框中，在周转框进行编号。在系统中进行状态识别，可以实时查询所有货物的量和状态，及所用框的数量，或可用空框的数量。

（2）仓库的自动码垛

基于5G技术的立体仓库堆垛机控制和调度方案如图1-2-22所示，其具有以下功能：堆垛机控制系统PLC对应5G智能终端ZH-X，进行数据接收和转换，对接立体仓库的WMS系统；WMS通过5G智能终端ZH-X给堆垛机控制系统发送指令，并接收堆垛机的反馈信号；基于堆垛机数据交互软件，采集堆垛机的工作状态以及工作时间、距离、节拍等信息，预测反馈堆垛机的维护保养，确保工作的正常开展；扩展功能包含立体仓库的数据孪生系统，将堆垛机的控制系统与数据孪生模型关联，实时展示现场控制状态；摄像头拼接技术实现全景融合，与数据孪生模型结合；人员行为识别判断，人员安全保护，如图1-2-22所示。

（3）生产过程内部物流

半成品是成品生产的产前准备，半成品入库单过账后依据成品生产订单组件需求和半成品库存进行预留库存，用半成品分配结果创建半成品发料单，指导半成品备料和实物配送。

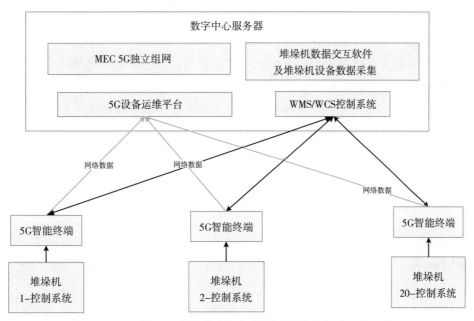

图 1-2-22 基于 5G 技术的立体仓库堆垛机控制和调度方案示意图

成品车间调度依据订单信息平台完成生产小排程，确定生产顺序和生产班组等，车间接收半成品到车间库位，依据小排程的生产任务产生成品生产工艺流程卡，用于指导生产，任务完成后产生的产品合格证和成品入库单，用于后续物流和产品追溯。

（4）销售出货

成品仓库依据经销商协同平台的出货计划信息创建出货备料单，依据该单据的要求和先进先出批次控制规则等完成备料，过账完成后打印发料单。发料单随产品送到客户，客户进行收货确认，完成一个销售订单的全流程。

 任务实施

通过文献调研和企业参观，用自己的语言对部品部件智能生产中数据化应用进行详细描述。

 学习小结

（1）部品部件工艺设计的数字化应用主要包括铝合金部品部件模具设计与挤压仿真模拟、3D 打印应用于型材造型设计、门窗和幕墙产品三维设计协同等内容。

（2）部品部件生产计划调度的数字化应用主要包括多系统协同实现计划调度、自动生成生产计划和详细生产作业计划、排产异常预警等内容。

（3）部品部件生产作业的数字化应用主要包括设备状态可视化、生产进度可视化、物流数据可视化、生产异常快速响应等。

（4）部品部件生产设备管理的数字化应用主要包括关键工序设备的自动化生产、工厂设备数字孪生、工厂设备运行优化等内容。

（5）部品部件生产质量管控的数字化应用主要包括工艺分析与预警优化、5G+视觉在线检测和质量全流程追溯等内容。

（6）部品部件仓储物流管理的数字化应用主要包括仓储管理的数字化应用、仓库的自动码垛、生产过程内部物流和销售出货等内容。

知识拓展

（1）移动边缘计算

移动边缘计算（MEC）可利用无线接入网络就近提供云端计算功能，而创造出一个具备高性能、低延迟与高带宽的电信级服务环境，加速网络中各项内容、服务及应用地下载，让消费者享有不间断的高质量网络。

码 1-2-1
项目 1.2 知识拓展

（2）服务化架构

服务化架构（SBA）是第五代移动通信系统（5G）的重要特征，结合移动核心网的网络特点和技术发展趋势，将网络功能划分为可重用的若干个"服务"。"服务"之间使用轻量化接口通信。其目标是实现 5G 系统的高效化、软件化、开放化。

（3）独立组网

独立组网（SA）是一种 5G 网络模式，另一种网络模式是非独立组网（Non-Standalone, NSA）。NSA 依靠 4G 网络设施来提供更快的速度和更高的数据带宽，而 SA 是真正的 5G 网络，其 5G 网络拥有其专用的 5G 设施，所以说 5G SA 是独立网络，因为它独立于 4G 网络。

（4）网络功能虚拟

网络功能虚拟（NFV）实现了电信网络功能节点的软件硬件解耦，是电信级业务云化的核心技术和架构。NFV 能够提升网络弹性，缩短业务部署时间，促进网络高效低成本运营。

（5）高级计划排产系统

高级计划排产系统（APS）是基于供应链管理和约束理论的先进计划与排程工具，包含了大量的数学模型与优化技术，主要解决车间多工序、多资源的优化调度及顺序优化问题。它基于工序逻辑约束和资源能力约束，计算最早开工时间和最迟完工时间，并进行多种优化方案的比较，优化目标是成本最低、延期订单最少、换型最少等。APS 主要功能包括订单交期预测、主计划排程、详细工序计划、物料需求计划、产能负荷分析、滚动排程、计划可视化等内容。APS 还可以将实绩与计划结合，从而彻底解决工序生产计划与物料需求计划难制订的问题。

（6）仓库管理系统

仓库管理系统（WMS）是仓库通过系统进行入库业务、出库业务、仓库调拨、库存调拨和虚仓管理等功能，综合批次管理、物料对应、库存盘点、质检管理、虚仓管理和即时库存管理等功能的管理系统，有效控制并跟踪仓库业务的物流和成本管理全过程，实现完善的企业仓储信息管理。该系统可以独立执行库存操作，与其他系统的单据和凭证等结合使用，可提供更为完整全面的企业业务流程和财务管理信息。

习题与思考

一、填空题

1. 部品部件智能生产是一种基于_____和_____的生产模式，旨在通过使用智能设备和机器人等高科技手段，实现工业生产的自动化和智能化，从而提高生产效率和质量。

2. 5G 无线频段一般选择_____中频和_____高频。

码 1-2-2
项目 1.2 习题与
思考参考答案

3. AICloud 作为_____的计算架构，将云计算能力延伸至用户现场，提供可临时离线、低延时的计算服务，包括_____、_____、_____、流式计算、函数计算、AI 推断等功能。

4. 部品部件智能生产与传统的生产方式相比较，主要在_____、_____、_____、_____和市场导向方面进行推广和应用。

二、简答题

1. 简要说明基于 AICloud 的部品部件智能生产互联网平台的特征。

2. 部品部件工艺设计的数字化应用有哪些？

3. 部品部件生产计划调度的数字化应用有哪些？

4. 部品部件生产作业的数字化应用有哪些？

5. 部品部件生产设备管理的数字化应用有哪些？

6. 部品部件仓储物流管理的数字化应用有哪些？

三、讨论题

1. 部品部件智能生产作为智能制造的内容之一。请同学们分组讨论我国智能制造的发展背景和趋势。

2. 结合参观与文献查询，通过自己的思考，说明在部品部件智能生产中如何更好发挥人的作用？

混凝土部品部件工业化智能生产

项目 2.1　蒸压陶粒板的工业化智能生产

教学目标

一、知识目标

1. 了解蒸压陶粒板的概念、分类以及实际工程中的应用情况；

2. 掌握蒸压陶粒板在智能工厂中的生产步骤；

3. 了解蒸压陶粒板在施工过程中的工艺流程。

二、能力目标

1. 能够正确理解部品部件工业化智能生产在智能建造中的作用；

2. 能够正确理解蒸压陶粒板的生产技术；

3. 能够说出同类别部品部件的生产流程与方法。

三、素养目标

1. 能够具备与时俱进的学习意识和能力；

2. 能够及时发现和解决生产过程中遇到的问题。

学习任务

了解蒸压陶粒板的工业化智能生产流程以及生产过程中所需的知识点和技能点。

建议学时

8 学时

思维导图

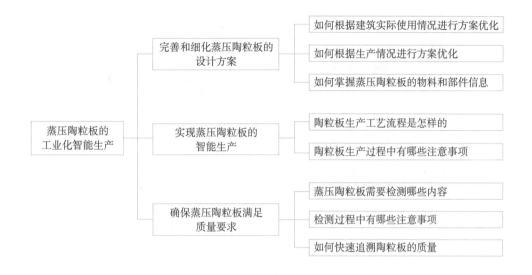

```
                                              ┌─ 如何根据建筑实际使用情况进行方案优化
                         完善和细化蒸压陶粒板的 ─┤─ 如何根据生产情况进行方案优化
                         设计方案                └─ 如何掌握蒸压陶粒板的物料和部件信息

蒸压陶粒板的             实现蒸压陶粒板的        ┌─ 陶粒板生产工艺流程是怎样的
工业化智能生产           智能生产                └─ 陶粒板生产过程中有哪些注意事项

                                              ┌─ 蒸压陶粒板需要检测哪些内容
                         确保蒸压陶粒板满足     ─┤─ 检测过程中有哪些注意事项
                         质量要求                └─ 如何快速追溯陶粒板的质量
```

任务 2.1.1　蒸压陶粒板的深化设计

📱 任务引入

　　陶粒混凝土又称为轻骨料混凝土，是指以陶粒（图 2-1-1）代替石子作为混凝土的骨料而制成的混凝土，密度不大于 1900kg/m³。装配式钢筋混凝土结构的楼房外墙板，使用的就是陶粒混凝土。陶粒混凝土具备重量轻、保温性能好、抗渗性好、耐火性好、施工适应性强等特点，广泛用于房屋建筑、桥梁、船坞及窑炉基础等。

　　利用陶粒混凝土制作而成的陶粒空心板（图 2-1-2）适用于除楼梯间、电梯井道等存在双面临空墙体外的其他内隔墙。陶粒板材工程施工主要规范、规程、标准见表 2-1-1。

图 2-1-1　陶粒

图 2-1-2　陶粒空心板

陶粒板材工程施工所用主要规范、规程、标准　　　　表 2-1-1

名称	编号
建筑装饰装修工程质量验收标准	GB 50210—2018
建筑工程施工质量验收统一标准	GB 50300—2013
建筑用轻质隔墙条板	GB/T 23451—2023
建筑轻质条板隔墙技术规程	JGJ/T 157—2014
建筑隔墙用轻质条板通用技术要求	JG/T 169—2016
钢筋陶粒混凝土轻质墙板	JC/T 2214—2014
轻质隔墙条板应用技术标准	DBJ 50/T-338—2019
轻质内隔墙构造图集	苏 G29—2019

　　蒸压陶粒板生产工厂在接到订单后，首先要根据设计院提供的图纸进行深化设计，使图纸具备可实施性，满足按图施工的要求。

 知识与技能

1. 陶粒板厚度优化

陶粒混凝土墙板深化设计时需要考虑以下方面：

　　（1）保温性能：在墙板的设计中应该考虑到建筑的保温需求，采用厚度适宜的陶粒混凝土墙板以提高墙体的保温性能。

　　（2）结构承载：通常情况下，墙板厚度的设计需要考虑到建筑的结构强度和承重能力以及施工条件和成本等方面因素。

　　（3）周边材料：墙板厚度的设计还需要考虑到周边材料，如基础、墙柱、楼板等构件的要求，以保证墙板与周围构件协调精准，并达到预期的力学性能。

　　（4）经济性：在考虑以上所有技术要求的同时，还需要考虑成本问题，尽量采用低成本的解决方案，以满足墙板深化设计的经济性需求。

　　在 Revit 软件中安装陶粒板自动化排版插件，然后选择"墙体 - 替换"功能，将连接的墙体进行打断，将陶粒板厚度优化为 100mm、200mm、300mm 等，如图 2-1-3 所示。

图 2-1-3　墙体替换

2.陶粒板墙体编号

陶粒混凝土墙板的生产和使用情况需要管理和追踪，所以应对其进行编号。一般采用数字和字母的组合方式进行标记，具体编号方法如下：

（1）确定编号体系的组成。可以根据产品种类进行编号，也可以按照使用目的、质量等级等进行编号。在设计编号体系时，需要确保编号的唯一性和易于管理。

（2）确定编号格式。编号格式一般包括标识符和序列号两部分，标识符描述产品种类、用途等信息，序列号表示具体的编号顺序。

（3）制定编号规范和分配方案。确定完编号格式之后，需要制定相应的编号规范和分配方案，确保所有的编号符合规范并能够顺序分配。

（4）开展编号工作。根据已经制定好的编号体系、格式、规范和分配方案，对各类陶粒混凝土墙板进行编号。在实际操作中，可以采用电脑系统或人工方式进行编号。

（5）记录和管理。为了便于管理，需要确保对所有编制的编号进行记录和管理，并对其生产、使用、销售等情况进行追踪和监控。

在软件中选择"墙体编号"可将墙体进行一键编号，在"标识数据"的"注释"栏中进行自动编号，如图 2-1-4 所示。"墙体编号"功能右侧有："陶粒板－转化"功能，可将建筑墙体转换为幕墙，并填充名称为陶粒板的常规模型；"批量－间隔"功能，可将所有陶粒板墙体根据规范进行高低间隔排布；"间隔"功能，可将所选墙体根据规范进行高低间隔排布；"编码－规则"功能，可设置编码数量，编码格式，编码内容，编码顺序；"编码"功能，可将所有陶粒板板块进行编码，根据"编码－规则"设定进行编码；"图纸"功能，可自动生成陶粒板分割加工图纸，图纸包含自动拆分后的墙体编号，平面图，立面图，图纸转换完成后可以利用 Revit 自带的导出功能进行 CAD 图纸导出。上述功能使用后的效果可通过扫描右侧二维码查看。

图 2-1-4　墙体编号

3.物料清单

数字化转型是新时期企业生存和高质量发展的必然选择，在企业数字化进程中，经常会涉及物料清单表、物料清单数据等，对于多数企业而言，合理管控物料清单表，不仅可以实时跟踪企业原材料采购状态及变更情况，确保企业生产运营所需原材料按时到货，还可以作为销售人员报价时的参考，帮助企业更好地进行生产决策，有效控制成本，提高工作效率和质量。

利用软件中的"物料"功能，可以制作物料清单，并导出为 Excel 文件，如图 2-1-5 所示。

析 视图 体量和场地 协作 管理 附加模块 建模大师（通用）

批量-间隔 间隔 编码-规则 编码 图纸 物料 显示墙体

陶粒板-嵌板 陶粒板-编码 陶粒板-图纸 陶粒板-物料

编号	板厚（mm）	高度（mm）	宽度（mm）	单块板面积（m²）	数量	面积（m²）	备注	编号数量	面积合计（m²）
				测试					
Q-1	200	100	1000	0.100	1	0.100	补充板	4	0.400
		100	1000	0.100	1	0.100		2	0.200
		100	1000	0.100	1	0.100		3	0.300
		100	1000	0.100	1	0.100		2	0.200
		100	3000	0.300	1	0.300	批量板	4	1.200
		100	3000	0.300	1	0.300		2	0.600
		100	3000	0.300	1	0.300		3	0.900
		100	3000	0.300	1	0.300		2	0.600
Q-10	200	200	1000	0.200	1	0.200	补充板	1	0.200
		200	1000	0.200	1	0.200		3	0.600
		200	3000	0.600	1	0.600	批量板	1	0.600
		200	3000	0.600	1	0.600		3	1.800
Q-100	200	525	1000	0.525	1	0.525	补充板	1	0.525
		600	1000	0.600	1	0.600		1	0.600
		600	1300	0.780	1	0.780		1	0.780
		525	3000	1.575	1	1.575	批量板	1	1.575
		600	3000	1.800	1	1.800		1	1.800
		600	2700	1.620	1	1.620		1	1.620

陶粒板-物料统计表 +

图 2-1-5　导出物料清单

任务实施

根据设计图纸对陶粒混凝土墙板进行深化设计，并得出最后的物料清单。

学习小结

（1）陶粒板厚度优化时需要考虑建筑物的保温性能、结构承载、周边材料以及经济性等因素。

（2）在软件中陶粒板墙体编号步骤有：确定编号体系的组成、确定编号格式、制定编号规范和分配方案、开展编号工作、记录和管理等。

（3）合理管控物料清单表，可以实时跟踪企业原材料采购状态及变更情况，确保企业生产运营所需原材料按时到货，还可以作为销售人员报价时的参考，并帮助企业更好地进行生产决策，有效控制成本，提高工作效率和质量。

任务 2.1.2　蒸压陶粒板的智能生产

任务引入

蒸压陶粒板的智能生产是指应用先进的技术和智能化系统来提高陶粒板生产的效率、质量和可持续性。陶粒板智能生产相关的技术和方法如下：

（1）自动化生产线。使用自动化设备和机器人来完成陶粒板生产中的重复性和劳动密集型工作。自动化生产线可以实现高效、精确的生产过程，并降低人为错误的风险。

（2）物联网（Internet of Things，IoT）和传感器技术。通过在生产设备和工艺中使用传感器，监测和收集关键数据，实现实时的生产过程监控和优化。物联网技术还可以实现设备之间的互联和数据共享，以提高整个生产系统的协同性和智能化水平。

（3）数据分析和预测。通过收集和分析生产过程中的数据，利用数据分析和机器学习算法来识别潜在的生产问题、优化工艺参数，并进行故障预测和维护计划。这样可以提前采取措施来避免生产中断和降低设备故障的风险。

（4）虚拟仿真和数字孪生。利用虚拟仿真技术和数字孪生模型来模拟和优化陶粒板生产过程。通过建立精确的数字模型，可以进行虚拟试验和优化，提前发现潜在问题并改进生产工艺。

（5）人工智能和机器视觉。应用人工智能和机器视觉技术来实现自动化的质量检测和产品分类。通过图像识别和分析算法，可以准确检测和分类陶粒板的质量特征，提高产品一致性和质量控制水平。

（6）可持续生产和能源管理。在陶粒板生产中应用节能和环保的技术和措施，如能源回收利用、废料处理和循环利用等，以实现可持续的生产过程并降低对环境的影响。

通过自动化、物联网、数据分析和预测、虚拟仿真和人工智能等技术的应用，可以实现陶粒板生产过程的优化和智能化管理，提升企业竞争力。

 知识与技能

1. 陶粒板生产工艺流程

陶粒板的生产工艺流程可以分为以下几个步骤（图 2-1-6）：

（1）原材料准备：根据陶粒板的设计要求和性能标准，准备所需的原材料，如水泥、陶粒、外掺料、砂、外加剂、水等；对原料进行筛选、粉碎和混合，以确保其质量和适合生产要求。

（2）焊接钢筋网架：根据设计图纸和规格要求，准备钢筋材料；使用焊接设备将钢筋焊接成网架结构，形成陶粒板的内部骨架；对焊接完成的钢筋网架进行质量检查，确保其牢固性和尺寸精度。

（3）模具准备与穿芯管安装：选择并准备模具，确保其清洁和润滑，以便顺利脱出陶粒板；根据陶粒板的设计要求，在模具中安装穿芯管，确保穿芯管的位置准确、稳定，并且与模具的其他部分相协调，穿芯管的作用是在陶粒板内部形成空心通道，以减轻重量或增加隔声、隔热性能。

（4）钢筋网架入模：将焊接好的钢筋网架放置在模具中，确保其位置准确且稳定。

（5）实验室配合比确认：在实验室中，根据设计要求和原材料性能，进行配合比的试验和优化。确定最佳的原材料比例和添加剂用量，以满足陶粒板的性能要求。在陶粒

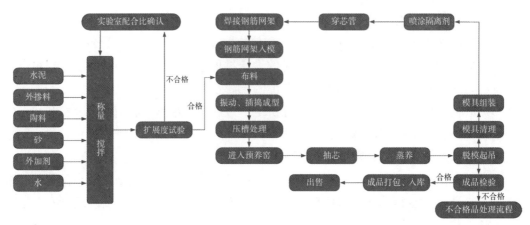

图2-1-6　陶粒板的生产工艺流程

板生产当天还需进行扩展度试验，测量混凝土在不同条件下的流动性和扩展度，根据扩展度试验结果，进一步调整配合比，直至找到陶粒板生产当天的最佳配合比。

（6）布料与成型：将按照配合比称量好的原材料混合均匀后，通过布料设备均匀地铺设在模具中的钢筋网架上。使用成型设备对布料后的原材料进行压实和成型，使其达到设计要求的厚度和形状。

（7）压槽处理：在陶粒板表面进行压槽处理，以增加其表面的粗糙度或形成特定的纹理。压槽处理可以提高陶粒板与抹面砂浆的粘结性能或美观度。

（8）预养与抽芯：将成型后的陶粒板放置在预养区进行初步养护，使其达到一定的强度，随后进行抽芯操作，去除内部的芯模材料。

（9）蒸养处理：将预养后的陶粒板送入蒸养窑中进行高温高压蒸汽养护，以加速其硬化和强度发展。蒸养过程中需要严格控制温度、湿度和养护时间等参数，以确保陶粒板的质量。

（10）脱模与成品处理：蒸养完成后，将陶粒板从模具中脱出，并进行清理和修整。对脱模后的陶粒板进行质量检查，包括尺寸精度、外观质量、强度等方面的检测。合格的陶粒板将进行包装、标识和存储，等待出厂或进一步加工使用。

2. 钢筋网架制作

（1）钢筋网架由不小于 $\phi4.0$ 的冷拔低碳钢丝采用点焊机焊接而成。

（2）钢筋网架尺寸根据墙板尺寸而定，钢筋网架宽度比墙板宽度小 40mm，长度小 60mm。

（3）钢筋网架的纵向钢筋每面不少于 3 根，钢筋长度误差控制在 5mm 以内。

（4）钢筋网架横向间距不大于 500mm。

（5）钢筋的混凝土保护层厚度应不小于 10mm。

（6）钢筋网架现场吊运时，不可直接吊挂和叉运，应采取适当措施防止网架变形、扭曲。

（7）目测有严重弯曲、局部变形及严重锈蚀的网架不能直接使用。

（8）进场后的钢筋网架，应按项目、品牌、规格分堆存放，并作好标识，以免混淆，同时应防止雨淋和油污。

制作好的钢筋网架如图 2-1-7 所示。

图2-1-7　制作好的钢筋网架

3. 模具清理

（1）清理模具上口。先用铁铲清理模具上口的混凝土，采用与模具成 45° 角的斜铲，沿一个方向向前推进，保证模具面上大块混凝土残留物一次性铲掉，如有无法铲掉的残留物，使用锤子敲除。

（2）清理侧模内壁。模具上口清理干净后用砂轮打磨机清理侧模内表面残留的干硬性水泥砂浆。清理时由下到上，逐步清理。清理时注意内模上下部位企口位置积累的混凝土，必要时用铲刀辅助，直至彻底清理干净。

（3）清理上下压板。清理压板时先用小铲刀将压板四面残留混凝土铲除干净，再用钢丝刷清理上表面，尤其注意压板侧面与模具结合部位的清理。

（4）清理左右端板。先用锤子将端板夹层内灌入的大块状混凝土敲除掉，再用铲刀对端板内表面进行清理，然后用自制工具对端模芯管孔洞内壁混凝土进行清理。

（5）模车四周及模具外壁洒落的混凝土在清模结束后统一进行清理和清扫。

（6）模具清理过程中严禁暴力敲打模具。

4. 模具组装

（1）模具清理完成后流转到组模工位。

（2）先将模具下盖板放入清理干净的模具内，再放置活动端的端板并调整好位置。

（3）放置时检查盖板与侧模接触面是否残留混凝土残渣，若有需及时清理。

（4）放置好左右端的端板模具后用卷尺测量好构件长度并在模具上方筋板上画出控制线。

（5）复核并调整端板上下口位置，使其与控制线一致。

（6）启动合模机开始合模。

（7）安装上部拉杆，调整松紧度后固定四角的紧固螺栓。

（8）组装结束后检查两端的端模是否存在变形或者组装不到位，必要时进行手工调整。

（9）模具组装尺寸允许偏差应符合表2-1-2的要求。

模具组装尺寸允许偏差（mm）

表 2-1-2

测定部位	允许偏差（mm）		检验方法
	100mm 厚度板	200mm 厚度板	
长度	±4	±5	钢卷尺测量
宽度	±2	±2	
厚度	±1.5	±1	
拼装缝隙	≤1	≤1	塞尺检查

5. 隔离剂喷涂

（1）将组模结束的模车流转至隔离剂喷涂工位。

（2）调整机械喷涂机与模具上口的位置，开始第一遍机械喷涂。

（3）机械喷涂结束后开出喷涂工位，进行手动喷涂，手动喷涂采用高压气枪喷涂。

（4）生产前将按比例配置好的隔离剂再次搅拌均匀，防止沉淀，影响使用效果。

（5）喷涂时重点喷涂机械漏喷部位及模具上口。

（6）喷涂前检查气枪喷嘴是否堵塞，喷涂时尽量保持匀速喷涂，做到不漏喷、不多喷。

（7）喷涂完成后检查喷涂效果，模具表面是否均匀，模具底部是否存在积液，若有需及时进行清理。

6. 芯管及网架安装

（1）将喷涂好隔离剂的模车流转至穿管工位上。

（2）调整好模车与整体抽芯机的位置后降下穿管锁销，通过液压缸推动穿芯小车，从而实现穿管。

（3）穿管过程中时刻观察芯管穿入是否正常（图2-1-8），有异常及时暂停设备运行并处理。

（4）穿管结束后将模车流转至网架安装工位。

（5）选择规定尺寸的网架放入模具内。

（6）每块板需放置2张网架，网架大网格方向朝上，横筋方向朝外。

图 2-1-8 芯管插入

（7）放置网片前应观察网架变形情况，若网架出现较严重变形和弯曲等情况不得直接使用，需调整合格后再投入使用。

（8）网架安装结束后检查网片保护层厚度是否符合要求。

（9）以上工作完成后流转至浇筑工位，浇筑前需安装芯管固定工装并进行手工调整，芯管应保持在同一水平线上。

7. 混凝土浇筑

（1）必须由技术员对模具、钢筋及预埋进行检查符合浇筑条件后才可浇筑混凝土。

（2）布料前再次检查芯管固定工装是否安装到位。

（3）混凝土浇筑时应一次布料完成，布料设备如图 2-1-9 所示，布料应连续均匀地进行，同时根据混凝土料状态开启振动台，浇筑过程中尽量将模具灌满，减少扒料次数，布料完成后观察成型面，做到不缺料、不多料。

（4）振捣时振捣棒不宜在模具同一位置内停留时间过长或过短，根据混凝土料状态可在 10~30s 内选用，以拌合物表面泛浆为宜。

（5）振捣过程中应随时检查模具有无漏浆、变形或移位等，若有漏浆、变形或移位超出偏差时，应及时采取补救措施。

（6）混凝土浇筑完成后进行上盖板的覆盖，100mm 宽板采用机械压盖，200mm 宽板采用人工压盖，盖板放好后用橡胶锤逐点敲击，直至盖板与模具紧密接触且有水泥浆泌出。

（7）压盖完成后使用水管冲洗盖板上表面及芯管端部多余的废料，冲洗过程中注意不要冲到盖板下面的混凝土。

（8）用水清理并冲洗模车侧面洒落的混凝土。

8. 养护工艺

养护工艺包括预养窑预养和蒸汽养护。

预养工艺如下：

（1）依据车间温度情况提前打开预养窑系统，温度达到 40℃将浇筑成型后的模车开进预养窑。

（2）成型后的陶粒板模车进入预养窑养护，窑内温度上升不得超过 20℃/h，最高预养温度不得超过 60℃（主要考虑芯管高温变形）。

抽芯工艺如下：

（1）模车出预养窑后根据板厚采用机械或手工拆除上盖板，拆除盖板时不得拆除拉杆及四角的紧固螺栓。

（2）盖板拆除后将模车移动至摆渡车上，转运至整体抽芯机处开始抽芯。

（3）同条件养护试块，抽芯强度不得低于 2.0MPa（低于抽芯强度易粘管），一般浇筑后 6h 可抽芯。

（4）混凝土强度不足时不允许拆除上部盖板，否则易出现缺棱掉角和芯管粘模。

蒸汽养护窑如图 2-1-10 所示，蒸汽养护具体要求如下：

图 2-1-9　布料设备

图 2-1-10　蒸汽养护窑

（1）依据车间温度情况启动加热系统，使模车进入前温度达到 50℃以上，高温养护时间为 3h 左右。

（2）出养护窑时混凝土强度不低于 5MPa。

9. 脱模、调运

（1）模车从养护窑出来后进入拆模工位，先取下模车上部拉杆和四角的紧固螺栓。

（2）拆模前应使用铁铲清理模具上面的混凝土，使模具和构件初步分离，方便拆模同时也防止拆模时产生边角破损。

（3）混凝土清理干净后将模车开至开模机工位，通过液压杆将模具与构件分开。

（4）取下活动端端模，检查是否有构件和模具未分离的情况，若有则用撬棍撬开。

（5）将模车开至翻转工位，启动拉板机构将构件整体拉至翻转模台后放置盖板压杆。

（6）启动翻转机构，将构件整体翻转 90° 至底部框架，再翻转底部框架 90° 将构件翻转至翻转机构上（翻转至 45° 时放置卡板工装，防止翻转过程中板跌落）使构件整体翻转 180°，接缝槽朝上。

（7）构件翻转完成后在板端面盖板号标识章。

（8）将叉车开至翻转机构前方，开始叉板。

（9）注意翻转和叉运过程中轻起轻落，避免边角破损。

（10）打包前需仔细检查有无明显质量缺陷，检验合格后再打包。

 任务实施

请根据深化设计后的图纸以及生产工艺流程，在工厂进行钢筋陶粒混凝土轻质墙板的生产。

 学习小结

（1）陶粒板的生产工艺流程主要分为：原材料准备、焊接钢筋网架、模具准备与穿芯管安装、钢筋网架入模、实验室配合比确认、布料与成型、压槽处理、预养与抽芯、蒸养处理、脱模与成品处理等步骤。

（2）钢筋网架制作、模具清理、模具组装、隔离剂喷涂、芯管及网架安装、混凝土浇筑、脱模与调运等工作都应遵守相应的步骤。

（3）陶粒板的养护工艺包括预养窑预养和蒸汽养护。

任务 2.1.3 蒸压陶粒板的智能检测与质量管理

 任务引入

在陶粒板生产中应用智能检测技术可以提高生产效率、确保产品质量以及减少人工错误。陶粒板生产过程中可采用以下智能检测技术：

（1）外观检测。视觉检测和激光检测在产品外观检测中都有重要作用，可以根据具体的检测需求和产品特性选择合适的技术。视觉检测适用于外观特征和颜色等方面的检测，而激光检测更适用于尺寸测量和形貌分析。在实际应用中，两种技术也可以结合使用，以实现更全面和准确的产品质量检测。

（2）超声波检测。使用超声波传感器对陶粒板进行扫描，检测内部的缺陷、空洞和杂质。通过分析声波的传播和反射特性，可以评估陶粒板的完整性和质量。

（3）X 射线检测。利用 X 射线技术对陶粒板进行透射检测，可以检测到内部的缺陷、异物和密度变化。通过分析 X 射线图像，可以评估陶粒板的质量和结构。

（4）声学检测。使用声音传感器对陶粒板进行敲击或振动，通过分析声音的频谱和响应特性，可以检测出陶粒板的缺陷、空洞和结构问题。

（5）数据分析和机器学习。通过收集大量的生产数据和质量数据，利用数据分析和机器学习算法，可以建立模型来预测陶粒板的质量问题，提前发现潜在的异常，并进行及时调整和控制。

（6）智能传感器和监控系统。使用各种智能传感器和监控系统，对陶粒板生产过程中的关键参数进行实时监测和控制。通过连续监测和反馈，可以及时发现并纠正生产中的问题，确保陶粒板的质量。

以上智能检测技术可以在陶粒板生产过程中使用，实现自动化的质量检测和控制。

知识与技能

1. 视觉检测

视觉检测是一种利用计算机视觉技术对产品进行自动化检测和分析的方法。它基于图像处理和模式识别技术，通过采集和分析产品的图像信息，来评估产品的外观特征、质量和一致性。

（1）图像采集。使用摄像头、相机或其他图像采集设备获取产品的图像数据。采用不同的视角、光照条件和分辨率来采集不同的图像。

（2）图像预处理。对采集到的图像进行预处理，包括图像去噪、平滑、增强对比度等操作，以提高后续的图像处理和分析效果。

（3）特征提取。通过图像处理算法提取产品图像中的关键特征，例如边缘、形状、颜色、纹理等。这些特征可以用于描述和区分不同的产品类别或检测目标。

（4）模式识别。利用机器学习、模式匹配或其他分类算法，将提取到的特征与预先训练好的模型进行比对和匹配。基于模型的识别方法可以判断产品是否符合特定的标准或检测是否存在缺陷。

（5）缺陷检测。根据事先设定的缺陷标准，对产品进行缺陷检测。缺陷可以是表面缺陷（如划痕、凹陷、裂纹）、尺寸不一致、位置偏差等。

（6）结果输出和处理。根据检测结果生成报告，指示产品的合格与否，并进行相应的处理，例如分类、分拣、剔除缺陷品等。

视觉检测广泛应用于各行业，如制造业、电子产品、食品包装、医疗器械等。它可以自动检测产品的外观缺陷和尺寸偏差并完成位置识别和字符识别。

2. 激光外观检测

激光外观检测也是一种常用的表面质量和缺陷的检测技术。激光外观检测利用激光光源和相应的光学系统，将激光光束照射到被检测物体的表面上。通过测量激光的反射、散射或折射等特性，来评估物体表面的形貌、平整度、颜色一致性以及表面缺陷等。

激光外观检测系统通常由激光光源、光学传感器、图像处理单元和数据分析软件等组成。光学传感器可以是相机、激光扫描仪或其他特定的传感器，用于接收和捕捉物体表面的反射光信号。

激光外观检测可以用于检测陶粒板表面的平整度、平整度变化、颜色一致性以及各种缺陷，如凹陷、起皮、裂纹、划痕等。通过光学传感器捕捉图像数据，进行图像处理和分析，以识别和分类不良的表面特征。

对于陶粒板等产品的大规模生产，可以使用高速激光扫描系统，快速地对表面进行检测，实现在线质量控制。

3. 外观质量、尺寸偏差检测标准

根据《钢筋陶粒混凝土轻质墙板》JC/T 2214—2014，对于100mm、200mm厚板的外观质量和尺寸偏差，应分别满足表 2-1-3~ 表 2-1-6 的要求。

100mm 厚板外观质量检测标准   表 2-1-3

检验项目	指标
钢网外露；飞边毛刺；板厚度方向贯穿裂缝、板面贯通裂缝	不允许
板面裂缝（最大宽度≤ 0.3mm，长度 50~100mm）	≤ 2 处 / 板
蜂窝气孔（长径 5~30mm）	≤ 3 处 / 板
缺棱掉角（宽度 × 长度 10mm×25mm~20mm×30mm）	≤ 2 处 / 板
芯孔状况	完整、无塌落
壁厚	≥ 20mm

200mm 厚板外观质量检测标准   表 2-1-4

检验项目	指标
钢网外露；飞边毛刺；板厚度方向贯穿裂缝、板面贯通裂缝	不允许
板面裂缝（长度 50~100mm，宽度 0.5~1.0mm）	≤ 2 处 / 板
蜂窝气孔（长径 5~30mm）	≤ 3 处 / 板
缺棱掉角（宽度 × 长度 10mm×25mm~20mm×30mm）	≤ 2 处 / 板
芯孔状况	完整、无塌落

100mm 厚板尺寸偏差检测标准   表 2-1-5

项目	指标	备注
长度	± 4mm	测 3 点
宽度	± 2mm	测 3 点
厚度	± 1.5mm	测 6 点
板面平整度	≤ 2mm	测 6 点
对角线差	≤ 5mm	测 2 点
侧向弯曲	≤ L/1000	测 1 点

注：L 为陶粒板长度。

200mm 厚板尺寸偏差检测标准 表 2-1-6

项目	指标	备注
长度	±5mm	测 3 点
宽度	±2mm	测 3 点
厚度	±1mm	测 6 点
壁厚	≥12mm	测 3 点
板面平整度	≤2mm	测 6 点
对角线差	≤5mm	测 2 点
侧向弯曲	≤$L/1000$	测 1 点

注：L 为陶粒板长度。

4. 入釜蒸养

（1）构件打包完成后由叉车转运至蒸压釜进行蒸养。

（2）设定蒸压釜温度大于等于 150℃、压强 0.5MPa，蒸压 2h。

（3）关闭蒸压后恒温恒压 2h，然后打开排气口卸压，1h 后打开釜门。

（4）陶粒板在进出车间、蒸压釜时应注意构件与外部环境的温差不得超过 20℃，以免混凝土产生收缩裂纹。

（5）构件在蒸压釜的高温高压作用下，强度进一步提升，出釜强度达到 10MPa 以上。

5. 质量追溯管理体系

质量追溯管理体系是一种对产品质量信息进行追踪和管理的体系，可以通过不同的数据载体实现，如条形码、RFID、移动识别技术和移动应用程序。

（1）条形码：条形码是一种图像化的编码方式，可以将产品信息以条形形式编码并打印在产品或包装上。质量追溯管理体系可以利用条形码来记录和追踪产品的生产信息、供应链信息和质量检验信息。通过扫描条形码，可以快速获取产品的相关质量信息，并进行追溯和溯源。

（2）RFID（射频识别）：RFID 是一种无线通信技术，通过将微型芯片和天线嵌入产品或标签中，实现对产品信息的追踪和读取。质量追溯管理体系可以利用 RFID 技术实现对产品的唯一标识和识别，以及与生产、质量检验等环节的相关信息交互。通过 RFID 读写设备，可以实时获取产品的追溯信息。

（3）移动识别技术：移动识别技术包括二维码识别、图像识别等技术，可以通过移动设备（如智能手机）进行信息识别和交互。质量追溯管理体系可以将产品的追溯信息嵌入到二维码或图像中，通过移动设备扫描识别，获取产品的相关质量信息和历史记录。

（4）移动应用程序：移动应用程序可以作为质量追溯管理体系的数据载体和交互平台。通过开发移动应用程序，用户可以使用移动设备实时查询和追溯产品的质量信息，获取产品的生产过程、检验记录、原材料信息等。移动应用程序还可以提供数据录入、报告生成和信息共享等功能，实现质量管理的便捷和可视化。

综合利用条形码、RFID、移动识别技术和移动应用程序作为数据载体，质量追溯管理体系可以实现对产品质量信息快速、准确追溯和管理，如图 1-2-20 所示。通过信息的记录、共享和交互，可以提高生产过程的透明度和质量的可追溯性，帮助企业实施质量控制和质量改进。

6. 成品标识与堆放

成品标识：构件脱模后应在其端面上部喷涂板号用于追溯查询，板号由 6 位阿拉伯数字组成，组成结构为月份 + 日期 + 模车编号，例如 2022 年 5 月 17 日 1 号模车生产的板，该模车板号则为 051701；板侧面标识为印刷章，内容包含企业名称、产品类型、生产日期、产品规格、执行标准、联系电话，印刷位置等。成品标识如图 2-1-11 所示。

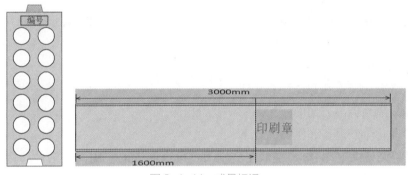

图 2-1-11　成品标识

成品堆放：产品堆放场地宜为混凝土硬化地面；陶粒板应按项目、规格型号分别堆放；堆放时，底部应无杂物，两端通长木方距离板边不超过 0.6m；陶粒板采用多层堆放，不宜超过 3 层；堆放时上下层中间放置通长木方，木方应垂直于陶粒板长边方向，以确保堆放稳定并防止变形。

 任务实施

请对陶粒板进行外观质量和尺寸偏差检测，并按照陶粒板的编号将结果录入系统中。

 学习小结

（1）视觉检测广泛应用于各个行业，一般有图像采集、图像预处理、特征提取、模式识别、缺陷检测、结果输出和处理等步骤。

（2）激光外观检测系统一般由激光光源、光学传感器、图像处理单元和数据分析软件等组成，可以用于检测陶粒板表面的平整度、平整度变化、颜色一致性以及各种缺陷等，陶粒板的外观质量和尺寸偏差应参照行业标准《钢筋陶粒混凝土轻质墙板》JC/T 2214—2014 控制。

（3）入釜蒸养、成品标识与堆放都应遵循规范的步骤。

（4）质量追溯管理体系可通过不同的数据载体实现，如条形码、RFID、移动识别技术、移动应用程序等。

知识拓展

（1）智能生产系统的原理

智能生产系统的基本原理，包括传感器、数据采集与分析、自动化控制等技术，以及智能化生产对蒸压陶粒板生产过程的优化和改进。

（2）物联网在蒸压陶粒板生产中的应用

物联网技术在蒸压陶粒板生产中的应用，包括设备联网、数据监测与分析、远程控制和故障诊断等方面的应用案例和实践。

码 2-1-1
项目 2.1 知识拓展

（3）人工智能在蒸压陶粒板生产中的应用

探讨人工智能技术在蒸压陶粒板生产中的应用，如采用机器学习算法优化生产参数、智能质检和故障预警等方面的应用案例和发展趋势。

（4）自动化生产设备和机器人技术

自动化生产设备和机器人技术在蒸压陶粒板生产中的应用，包括自动化搅拌设备、挤压机器人、自动切割和堆垛系统等方面。

（5）数据分析和优化

利用数据分析技术，对蒸压陶粒板生产过程中的数据进行收集、处理和分析，以优化生产流程、提高产品质量和降低能耗。

（6）数据安全和网络安全

了解智能生产过程中的数据安全和网络安全问题，并学习相应的保护措施和安全策略，确保生产数据的安全性和可靠性。

习题与思考

一、填空题

1.陶粒混凝土具备_____、_____、_____、_____、施工适用性强等特点。

码 2-1-2
项目 2.1 习题与
思考参考答案

2. 蒸压陶粒板的主要原料包括_____、_____、_____、_____、外加剂和水。

3. 蒸压陶粒板生产过程中，混凝土浇筑完成后应进行上盖板的覆盖，100mm 宽板采用_____压盖，200mm 宽板采用_____压盖。

4. 成型后的陶粒板模车进入预养窑养护，窑内温度上升不得超过_____，最高预养温度不得超过_____。

5. 激光外观检测系统通常由_____、_____、_____和数据分析软件等组成。

二、简答题

1. 图纸深化设计中陶粒板的厚度设置需要考虑哪些因素？

2. 陶粒板智能生产过程中可以应用哪些技术和方法？

3. 陶粒板的外观质量和尺寸偏差需要检测哪些内容？

三、讨论题

1. 陶粒混凝土的配合比如何设计？

2. 陶粒混凝土墙板的应用场景有哪些？其施工方案应如何编写？

3. 对比蒸压陶粒板和传统建筑材料，如砖块或混凝土板，讨论其优缺点和适用范围。

项目 2.2 预制混凝土衬砌管片的工业化智能生产

教学目标 📖

一、知识目标

1. 掌握预制混凝土衬砌管片智能生产的基本原理和关键技术；

2. 了解智能生产中涉及的数字化设计、自动化设备、数据采集与分析等方面的知识；

3. 熟悉管片智能生产中的质量控制、质量追溯和运输管理等相关知识。

二、能力目标

1. 具备操作和调节自动化设备（如钢筋加工设备、混凝土配制设备等）的技能；

2. 能够应用数据采集和分析工具，对管片生产过程中的关键数据进行监测和分析；

3. 具备运用智能运输设备和系统进行管片场内运输的操作和管理能力。

三、素养目标

1. 培养对智能生产技术和应用的兴趣和好奇心，持续学习和追求创新；

2. 培养团队合作和沟通能力，在智能生产项目中与他人合作、协调和共同解决问题；

3. 培养安全意识和质量意识，注重生产过程中的安全和质量控制。

学习任务 🖥

了解预制混凝土衬砌管片的工业化智能生产流程以及生产过程中所需的知识点和技能点。

建议学时 ✣

8 学时

思维导图

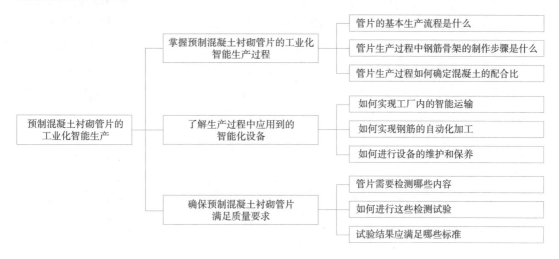

```
                          ┌─────────────────────┐     ┌───────────────────────────┐
                          │ 掌握预制混凝土衬砌管片的 │─────│ 管片的基本生产流程是什么      │
                          │ 工业化智能生产过程     │     ├───────────────────────────┤
                          │                     │─────│ 管片生产过程中钢筋骨架的制作步骤是什么 │
                          │                     │─────│ 管片生产过程如何确定混凝土的配合比   │
                          └─────────────────────┘     └───────────────────────────┘
┌──────────────┐         ┌─────────────────────┐     ┌───────────────────────────┐
│ 预制混凝土衬砌管片的 │─────│ 了解生产过程中应用到的  │─────│ 如何实现工厂内的智能运输      │
│ 工业化智能生产    │     │ 智能化设备           │─────│ 如何实现钢筋的自动化加工      │
└──────────────┘         │                     │─────│ 如何进行设备的维护和保养      │
                          └─────────────────────┘     └───────────────────────────┘
                          ┌─────────────────────┐     ┌───────────────────────────┐
                          │ 确保预制混凝土衬砌管片  │─────│ 管片需要检测哪些内容         │
                          │ 满足质量要求         │─────│ 如何进行这些检测试验         │
                          │                     │─────│ 试验结果应满足哪些标准       │
                          └─────────────────────┘     └───────────────────────────┘
```

任务 2.2.1 预制混凝土衬砌管片的生产工艺

 任务引入

预制混凝土衬砌管片（图 2-2-1）是在工厂或专门的生产基地进行制造和预制的，是隧道预制衬砌环的基本单元。管片的类型主要有钢筋混凝土管片、钢纤维混凝土管片、钢管片、铸铁管片、复合管片等。

预制混凝土衬砌管片的应用主要涵盖了隧道工程、地铁工程、水利工程、矿山工程和市政工程等领域。其主要作用是保护隧道和管道

图 2-2-1 预制混凝土衬砌管片

的稳定性和安全性，承受地下水压力、土压力和地面荷载，确保工程的正常运行。预制混凝土衬砌管片生产与施工所用主要规范、规程、标准如表 2-2-1 所示。

预制混凝土衬砌管片生产与施工所用主要规范、规程、标准　　　　表 2-2-1

名称	编号
预制混凝土衬砌管片	GB/T 22082—2017
盾构法隧道施工及验收规范	GB 50446—2017
混凝土结构耐久性设计标准	GB/T 50476—2019
盾构隧道管片质量检测技术标准	CJJ/T 164—2011
预制混凝土衬砌管片生产工艺技术规程	JC/T 2030—2010

预制混凝土衬砌管片的优点包括提高施工效率、保证质量、减少现场施工风险和提供一致的产品质量。它们可以在工厂内进行生产，避免了现场施工中的不确定性和时间限制。预制管片还可以在施工现场进行快速安装和连接，节省施工时间和人力成本。同时，预制管片具有较高的质量标准和统一性，可以保证隧道工程的稳定性和持久性。

管片按照拼装后成环的隧道线型分为直线环、转弯环、通用环；根据隧道的直径大小，管片的块数可分为 2~13 块；按照管片在环内的拼装位置，可分为标准块、邻接块、封顶块；根据隧道的断面形状可分为圆形、椭圆形、类矩形、双圆形、异形等多种断面。管片的规格如表 2-2-2 所示。

管片规格　　　　　　　　　　　　　　　　　表 2-2-2

规格 （内径 × 宽度 × 厚度）	2760mm × 900mm × 250mm	6000mm × 1500mm × 350mm
	3000mm × 1000mm × 250mm	7700mm × 1600mm × 400mm
	3500mm × 1200mm × 250mm	9500mm × 2000mm × 500mm
	5400mm × 1200mm × 300mm	10360mm × 2000mm × 500mm
	5500mm × 1200mm × 350mm	12000mm × 2000mm × 600mm
	5900mm × 1200mm × 350mm	12800mm × 2000mm × 600mm
	5900mm × 1500mm × 350mm	13700mm × 2000mm × 650mm

注：其他规格可由供需双方确定。

 知识与技能

1. 基本生产流程

预制混凝土衬砌管片的基本生产流程包括以下步骤：

（1）设计和规划：根据隧道工程的设计要求和施工计划，进行预制混凝土衬砌管片的设计和规划，包括确定管片的尺寸、形状、连接方式等。

（2）材料准备：准备所需的材料，包括水泥、骨料、砂子、钢筋等。确保材料的质量符合要求，并按照设计配合比进行准备。

（3）模具制作：制作预制混凝土衬砌管片的模具。模具的设计应符合管片的尺寸和形状要求，并具备良好的耐久性和可重复使用性。

（4）钢筋笼加工：根据设计要求，对钢筋笼进行加工，保证与混凝土的粘结性能。

（5）混凝土搅拌和浇筑：按照设计的混凝土配合比，将水泥、骨料、砂子等材料进行搅拌，形成混凝土浆料。然后将混凝土浆料倒入模具中，进行浇筑。

（6）养护和固化：混凝土浇筑后，进行养护和固化过程。养护时间和条件应根据混凝土材料和设计要求进行控制，以确保混凝土的强度和稳定性。

（7）脱模和修整：混凝土固化后，进行脱模操作，将管片从模具中取出。然后对管片进行修整，包括修整边缘、清理表面等，以确保管片的外观和尺寸符合要求。

（8）检验和质量控制：对预制混凝土衬砌管片进行检验和质量控制，包括检查尺寸、强度、表面质量等，确保管片符合设计和规范要求。

（9）包装和运输：将预制混凝土衬砌管片进行包装，并进行标识和分类。然后进行运输，将管片送往现场进行安装和组装。

管片生产流程如图 2-2-2 所示，各生产厂家可能会根据实际情况进行微调。生产流程中的每个步骤都需要进行严格的质量控制，以确保最终的管片质量符合要求。

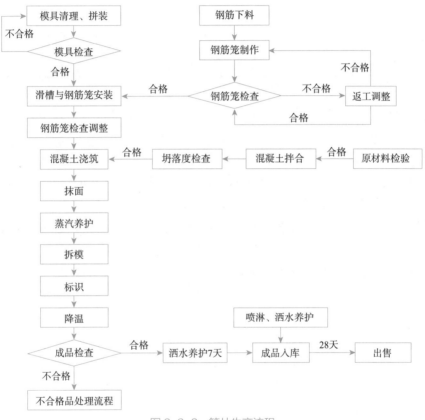

图 2-2-2　管片生产流程

2. 钢筋下料

（1）下料前首先检查钢筋的品种、级别、规格和位置是否符合设计要求。

（2）班前必须检查设备的完好状态，班后必须对切断机进行清洁、保养。

（3）钢筋下料工应按车间技术人员下达的钢筋下料单对钢筋进行切断加工，下料前必须熟悉下料清单，对钢筋下料变更通知应及时了解并对变更做出明显标识。

（4）圆盘条下料前必须进行冷拉调直、除锈，钢筋冷拉伸长率不得超过 2%，钢筋拉伸调直后不得有死弯。

（5）钢筋下料时应去掉钢材外观有缺陷的地方。

（6）钢筋下料长度允许误差为 ±10mm，切断刀口平齐，两端头不应弯曲。

（7）每种钢筋首次下料均应按照图纸尺寸定长切筋，试弯制，检查钢筋各部尺寸，根据尺寸调整切料长度，再试弯，直到各部尺寸合格后，才可以批量下料，钢筋加工允许偏差不得超过表 2-2-3 的允许偏差。

钢筋加工允许偏差   表 2-2-3

检验项目	允许偏差（mm）	检验数量
主筋和构造筋长度	±10	
主筋折弯点位置	±10	每班同设备生产 15 环同类型钢骨架，应抽检不少于 5 根
箍筋外廓尺寸	±10	

（8）经切断后的材料按规定整齐叠放在指定的位置，分类堆放，并挂上标识。

3. 钢筋的弯曲、弯弧

（1）钢筋弯曲应严格按设计图纸要求，及车间技术人员下达的钢筋弯曲作业表对钢筋进行弯曲加工，图纸所标注尺寸指钢筋轴线中心至中心的尺寸。

（2）钢筋端部有标准弯钩者，其标注尺寸系自弯钩外皮顶切线与钢筋轴线交点算起。

（3）根据弯弧、弯曲钢筋的规格调整从动轮的位置及芯轴的直径。

（4）根据作业表对钢筋进行试弯，并与标准样校核合格后，再进行弯弧、弯曲操作。

（5）弯弧前必须检查设备完好状况，发现异常及时修理。

（6）弯弧操作时，进料必须轻缓，钢筋进入弯弧机的过程中应保持平稳且速度均匀，以防止钢筋平面发生翘曲。弯弧完成后，钢筋表面不得出现裂缝。在出料口处，操作者应使用双手将成型钢筋稳妥地压送至身旁，确保其能够平稳地离开出料口，并防止成型钢筋因惯性或重力而散落或滚动。

（7）弯好的钢筋必须逐根在靠模上校核，合格后方可使用，弧度不合适必须重新进行弯制。

（8）钢筋调直和主筋的弯钩、弯折应符合相关规范及图纸规定。

（9）箍筋除焊接封闭外，末端应做弯钩，弯钩构造应符合设计。

（10）弯曲前操作者需检查芯轴挡块、转盘有无损坏及裂纹，将防护罩紧固可靠经运转确认正常后，方可作业。

（11）弯曲操作时严禁超过本机规定的钢筋直径、根数及额定转速工作，弯曲后钢筋先放在运料小车上，送到半成品堆放区指定位置。

（12）每一工班工作完毕，要及时切断电源，进行机器清洁、保养工作，严格执行弯弧机、弯曲机的操作规程。

4. 钢筋骨架焊接

（1）钢筋单片成型骨架必须在符合设计要求的胎架上制作。

（2）焊接前必须对部件进行检查，合格后摆放到胎架上的指定位置。

（3）各部件安放后，经测量调整和检验各项尺寸均符合要求，方可进行焊接工作。

（4）焊接时焊点的位置要准确，不得漏焊，焊口要牢固，焊缝表面不允许有气孔及夹渣，或者焊伤钢筋，焊接符合《钢筋焊接及验收规程》JGJ 18—2012 中的有关规定。

（5）焊接顺序：先点焊箍筋与外弧面主筋，确定好箍筋的位置，然后将内弧面主筋按照图纸标明的位置依次穿入箍筋内，将有定位挡板一端的上下主筋进行点焊牢固，主筋与箍筋应从中间位置依次分别向两端进行焊接，直到内外弧主筋另一端焊牢为止，在胎架所示的相应位置放置直筋和受控加强筋。

（6）钢筋骨架焊接采用逆变式气体保护焊机焊接成型，严格控制焊接质量。焊缝不得出现咬肉、气孔、夹杂现象。钢筋的焊接按设计和现行国家标准施工，焊缝高度符合规范要求，焊接后氧化皮及焊渣应清除干净。

（7）骨架首先必须通过试生产，检验合格后方可批量下料焊成型及制作，所有钢筋交叉点都进行焊接，以保证钢筋笼强度。

（8）焊接成型后的钢筋骨架吊离胎架，并放到指定地方。工班质检人员自检合格后，由专职检测人员测量尺寸，检查不合格的钢筋笼通知工段返修。

（9）钢筋骨架用四点吊钩或其他专用吊具吊至指定区域按型号堆放整齐，堆放高度不得超过 6 层，以防止钢筋笼受压变形。

（10）钢筋骨架焊接完成（图 2-2-3）后尺寸偏差不得超过表 2-2-4 的规定。

图 2-2-3　钢筋骨架

钢筋骨架允许偏差　　　　　　　　　　表 2-2-4

检验项目		允许偏差（mm）	检验数量
钢筋骨架	长	−10，+5	按日生产量的 3% 进行抽检，每日抽检数量不少于 3 件，且每件的每个检验项目检查 4 点
	宽	−10，+15	
	高	−10，+5	
主筋	间距	±5	
	层距	±5	
箍筋间距		±10	
分布筋间距		±5	

5. 骨架入模及预埋件安装

（1）模具清理完成后，将槽道通过固定在管片模板的定位销初定位，再通过定位销上的螺栓与穿过槽道底板的塑料盖子连接，最后通过拧紧塑料盖将槽道压到管片模板进行固定。

（2）在钢筋笼上指定位置装上塑料专用保护卡块，由行车配合专用吊具按规格把钢筋笼吊放入模具，操作时行车司机与地面操作者密切配合，两端由操作者扶牢，以明确手势指挥，对准模型位置轻吊、轻放，以免钢筋笼与模具发生碰撞。

（3）钢筋笼放入模具后要检查是否影响预埋件的安装，底部保护层是否匀称，任何一侧保护层大于或小于规定公差，或严重扭曲的钢筋笼都不得使用，吊离模具运走。

（4）钢筋笼入模后，按要求将每只钢筋笼一一进行校正。对横向、纵向的螺栓孔位置、保护层等进行校正、实测。

（5）当确认钢筋笼尺寸及安放位置合格后，方可进行预埋件的安装。

（6）由专人将注浆管、橡胶垫片、塑料套管、手孔螺栓成孔器及螺旋构造钢筋分别摆放在模具附近指定位置。

（7）将注浆管与模具定位芯组装好，检查是否上紧，以防漏浆。

（8）安放手孔螺栓成孔器时，先将成孔器套上塑料套管、螺旋钢筋及橡胶垫片，将定位弯芯插入模具定位孔内，安放好后顶紧。

（9）定位芯头部必须全部插入手孔座的模孔内，防止连接不紧出现缝隙，造成漏浆现象。

（10）由专人检查各附件是否按要求安装齐全、牢固，不符合要求必须进行修正。

（11）预埋件安装齐全后，合上顶部模具盖板，拧紧盖板螺栓，进行管片混凝土的浇捣。

6. 混凝土配合比优化

在混凝土浇筑前，要对混凝土配合比设计进行优化和验证，以确保其达到设计强度并满足抗渗要求。

（1）样品制备：从批量混凝土中抽取样品，并按照设计要求进行样品制备。通常采用标准试块或圆柱体样品进行强度和抗渗性能测试。

（2）强度测试：将制备好的混凝土样品送至实验室或合适的试验场地，进行强度测试。这通常包括抗压强度和抗折强度测试。测试过程中要遵循相应的国家或地方标准。

（3）渗透性能测试：混凝土的抗渗性能是评估其耐久性的重要指标。可进行抗渗性能测试，如氯离子渗透试验、水渗透试验等。这些测试可以评估混凝土的抗渗能力，确保其满足设计要求。

（4）结果分析和调整：根据强度和抗渗性能测试的结果，对配合比进行分析和调整。如果样品的强度不符合设计要求，可能需要调整水灰比、掺合料含量等配合比参数。如果渗透性能不满足要求，可以考虑调整材料的选用或添加防水剂等措施。

（5）配合比确认：根据测试结果和调整后的配合比，确认混凝土的最终配合比。确保配合比符合设计要求，能够达到设计强度并满足抗渗要求。

通过测试和分析，可以及时发现问题并调整配合比，以确保混凝土在浇筑前的性能满足设计要求。

7. 混凝土浇筑与养护

（1）混凝土浇筑前应对混凝土设计配合比进行验证，验证能否达到设计强度及抗渗性能。

（2）浇筑前必须按规定对组装好的模具进行验收，发现任何不合格项目应通知上道工序返工，经验收合格后取走挂在钢筋笼上的标志牌表示可以浇筑。

（3）混凝土拌合应严格按照混凝土搅拌系统流程进行，每班第一盘混凝土浇筑前，必须先做混凝土的坍落度试验，满足要求时才可使用。

（4）混凝土要分层次浇筑，铺料按先两端后中间的顺序进行，浇筑时注意使混凝土在模具内匀布。下料过程中发现过大的石块或杂物必须及时捡出，并通知拌合人员检查料仓内原材料情况，如原材料不合格，必要时停止生产或更换合格的原材料进行生产。

（5）混凝土振捣由专业混凝土工进行，采用整体式振动台振捣成型，混凝土从模板中部集中浇筑，通过振动台振捣使混凝土充满整个模型，振动时间以混凝土表面停止沉落或沉落不明显、混凝土表面起泡不再显著发生、混凝土将模具边角部位充实表面有灰浆泛出时为宜，不得漏振或过振。

（6）完成全部振动成型后，应抹平上部中间处混凝土，修整外环面弧度。

（7）打开侧顶板的时间为混凝土初凝时，一般在混凝土浇筑后 90 分钟左右，具体时间视气温及凝结情况而定。拆卸手孔成孔器，清抹干净，放在指定位置。

（8）使用槽钢刮平去掉多余混凝土或填补凹陷处，并进行粗磨。然后使用灰匙进行拾（光）面，使管片面平整、光滑。使用长匙精工抹平，力求使表面光亮无灰匙印。确保生产的管片内实外美，外弧面平整光滑。混凝土表面拾光完成后进入静停阶段。

（9）混凝土完成静停后，在混凝土面盖上一层塑料薄膜，将混凝土面全部覆盖密封。

（10）管片经过表面修饰静养不少于 2 小时后，进行无压蒸养。蒸养采用系统化、智能化控制，升温梯度每小时不得超过 15℃，最高温度不超过 55±2℃，降温梯度每小时不得超过 20℃，恒温 4 小时。

（11）出模后管片表面温度与环境温差大于 20℃时，管片应在室内车间进行降温。在整个蒸养过程中有专人负责检查并做好记录。

（12）顶板不能与混凝土接触，要保持 10~15cm 的距离，所留间隙是为了让蒸汽在此自由流动。

任务实施

请按照预制混凝土衬砌管片生产的基本流程，编写管片生产作业指导书。

 学习小结

（1）预制混凝土衬砌管片的基本生产流程包括设计和规划、材料准备、模具制作、钢筋笼加工、混凝土搅拌和浇筑、养护和固化、脱模和修整、检验和质量控制、包装和运输等步骤。

（2）钢筋下料、钢筋的弯曲、弯弧、钢筋骨架焊接、骨架入模及预埋件安装等步骤都应按照要求进行。

（3）混凝土的配合比要进行优化以确保其满足强度和抗渗要求；混凝土的浇筑和养护应严格按照要求进行，否则会影响混凝土的质量。

任务 2.2.2 智能化设备应用与原理

 任务引入

在管片生产过程中，智能化设备可以提高生产效率、降低人力成本，并提升产品质量和一致性。智能化设备的应用原理主要基于先进的传感器技术、自动化控制系统和数据分析算法。通过实时监测、自动调节和数据分析，智能化设备能够实现生产过程的自动化、智能化和最优化，从而提高生产效率和质量。

（1）自动化控制系统：智能化设备的自动化控制系统通常采用计算机控制和程序控制的方式，通过传感器的反馈信号，实现设备的自动控制和调节。控制系统根据预设的参数和算法，实时监测和调整设备的工作状态，以确保生产过程的稳定性和准确性。

（2）软件应用：智能化设备的运行和管理依赖于软件应用。例如，生产调度系统可以根据生产计划和实时需求，对智能设备进行任务调度和优化，提高生产效率和资源利用率。数据分析软件可以对生产数据进行统计分析和预测，提供生产过程的优化建议和决策支持。

（3）传感器技术：在智能化设备中，使用各种传感器来获取关键的物理参数和数据。例如，压力传感器用于监测混凝土浇筑过程中的振动和压力情况，激光测距仪用于测量管片的尺寸和形状，温度传感器用于监测混凝土的温度变化等。

（4）智能搅拌设备：设备采用先进的控制系统和传感器，实时监测混凝土搅拌的过程和状态。通过调整搅拌速度、时间等参数，以确保混凝土配合比的准确性和均匀性。

（5）自动化振动台：自动化振动台能够根据预设的振动参数和模具形状，自动控制振动力和频率。通过精确的振动控制，可以提高混凝土的密实度和均匀性，同时减少模具磨损。

（6）智能脱模系统：智能脱模系统利用传感器和控制系统，监测混凝土的强度和养护状态。当混凝土达到预设的强度和养护时间时，智能脱模系统会自动控制模具的开启和脱模过程，以确保脱模顺利进行。

（7）自动化钢筋加工设备：自动化钢筋加工设备包括钢筋切断机、钢筋弯曲机和钢筋焊接机等。这些设备配备了传感器和控制系统，能够自动识别和加工钢筋的长度、形状和数量，提高生产效率和钢筋加工的精度。

 知识与技能

1. 智能运输

在生产线上，运输是一个重要的环节，它涉及将物料、半成品或成品从一个工作站点或生产阶段移动到另一个工作站点或生产阶段。以下是几种常见的生产线运输方式。

（1）传送带系统：传送带系统是一种常见的自动化运输方式，适用于将物料或产品沿着指定路径从一个位置传送到另一个位置。传送带系统可以根据生产需求设定运行速度和方向，并且可以与其他生产设备实现无缝连接，实现自动化的物料运输。

（2）自动导引车辆（Automated Guided Vehicle，AGV）：AGV 是一种自主导航的无人驾驶车辆，具有搬运和运输物料的能力。AGV 可以在设定的路径上移动，通过激光导航系统、传感器和自动控制系统进行导航和避障，以完成物料的搬运任务。AGV 可以在生产线上灵活运输物料，并具有高度的自动化和精确性。

（3）输送线系统：输送线系统通过设置固定的输送线或滚筒，将物料或产品从一个位置传送到另一个位置。输送线系统可以根据需要设定运行速度和方向，并且可以与其他生产设备进行连接。它适用于长距离运输和连续运输，可以有效地将物料从一个工作站点运输到另一个工作站点。

在选择生产线运输方式时，需要考虑物料的特性、尺寸和重量、运输距离、生产节奏和自动化程度等因素。根据实际情况，可以灵活地组合使用不同的运输方式，以满足生产线上的物料运输需求。

目前，工厂采用较多的是输送线系统（图 2-2-4），它是生产线上常用的物料运输方式之一，具有自动化、高效率和灵活性的优势。

输送线系统通常配备有控制系统和传感器来监测和控制输送带的运行状态。控制系统可以调节电动机的启停、速度和方向，以适应生产线的需求。传感器可以用于检测输送带的张力、位置、速度、物料的存在等信息，以便实时监测和控制物料的运输过程。其工作原理如下所示：

图 2-2-4　输送线系统

（1）输送带驱动：输送线系统使用电动机作为驱动装置，将动力传递给输送带。电动机通常通过减速器和链条或皮带与输送带连接。

（2）输送带运转：电动机的启动使输送带开始运转。输送带通常由柔韧、耐磨的材料制成，例如橡胶、聚酯纤维等。输送带沿着固定的路径移动，可以是直线或弯曲的路径，其取决于具体的应用。

（3）物料装载：物料被放置在输送带的起点或中间位置，可以通过人工装载、自动装载设备或其他方式装载。物料的装载可以根据需要进行排列、分组或分类。

（4）物料运输：随着输送带的运转，物料被带动向前运动。输送带的速度和运行方向可以根据生产需求进行调整。物料可以沿着输送带连续地运输，直至到达目标位置或下一个工作站点。

（5）卸载或转移：当物料到达目标位置时，可以通过人工或自动的方式将其卸载或转移到下一个工作环节。这可能涉及装卸设备、传送装置或其他机械设备的配合，图 2-2-5 是构件翻转和转移的设备。

图 2-2-5　构件翻转和转移的设备

2.故障解决

常见的输送线系统故障有输送带脱轨、电动机异常、传感器故障等，要学会识别和解决这些故障。

（1）输送带脱轨

停止输送线系统的运行，并确保安全。使用紧急停止按钮或断开电源来停止输送带运转。

观察输送带的位置，检查是否存在松动、脱落或损坏的部件。

使用工具或手动调整输送带的位置，将其重新安装到正确的轨道上。

确保输送带的张力适当，可以根据需要进行调整。

在确认修复后，重新启动输送线系统，并进行测试以确保输送带运行正常。

（2）电动机异常

停止输送线系统的运行，并断开电源，确保安全。

检查电动机周围的电线和连接器，确保它们牢固连接且没有损坏。

检查电动机的冷却系统，如风扇或散热器，确保其正常运行并清洁。

检查电动机的继电器或控制器，确认其工作正常。

如果发现电动机损坏或故障，可能需要更换电动机或进行维修，在修复后，重新连接电源并启动输送线系统，进行测试以确保电动机运行正常。

（3）传感器故障

停止输送线系统的运行，并断开电源，确保安全。

检查传感器的电线和连接器，确保它们牢固连接且没有损坏。

清洁传感器的感测部位，确保没有灰尘、污垢或障碍物影响其正常工作。

使用测试工具，如万用表或示波器，检查传感器的电气信号是否正常。

如果发现传感器故障，可能需要更换传感器或进行维修，在修复或更换后，重新连接电源并启动输送线系统，进行测试以确保传感器正常工作。

对于以上故障，如果自己无法解决，应该寻求设备制造商或专业维修人员的帮助，以确保故障得到彻底解决，并避免进一步损坏设备或安全事故发生。同时，定期进行设备维护和检查，以预防故障发生。

3. 输送线系统维护

维护输送线系统是确保其正常运行和延长寿命的重要措施。维护输送线系统的频率和方法可以根据具体情况和设备制造商的建议来确定。定期进行维护和检查，可以及时发现问题并采取措施，保持输送线系统的正常运行和可靠性。

（1）清洁输送带

定期清洁输送带以去除污垢、灰尘和杂物。可以使用刷子、气压喷枪或湿布进行清洁。避免使用化学清洁剂，以免损坏输送带表面。清洁输送带时，确保停止输送线系统运行并断开电源，以确保安全。

（2）润滑链条或皮带

定期检查链条或皮带的润滑状态，确保其充足的润滑。

根据制造商的建议，使用适当的润滑剂对链条或皮带进行润滑。

注意润滑剂的种类和使用方法，避免过量润滑或润滑剂滴落到其他部件上。

（3）检查传动部件

定期检查输送线系统的传动部件，如链条、齿轮、皮带轮等，确保其正常运行并没有损坏或磨损。

注意传动部件的松紧度，确保其适当的张力。

如果发现损坏或磨损的传动部件，及时更换或修复，以避免进一步损坏或故障。

（4）其他维护注意事项

定期检查输送线系统的支撑结构和滚轮，确保其稳定和可靠。

检查电气连接和控制器，确保电源和控制信号正常。

清理输送线系统周围的工作区域，确保没有障碍物和杂物阻碍运行。

记录维护和检查的时间、内容和结果，建立维护记录，以便追踪设备的维护历史。

4. 自动化钢筋加工设备原理

自动化钢筋加工设备的原理基于先进的机械、电气和控制技术，通过自动化和智能化的方式实现钢筋的切割、弯曲、成型等工序，提高钢筋加工的效率、准确性和一致性。自动化钢筋加工设备可以减少人工操作和劳动强度，提高生产效率和质量，并在工程和建筑领域中得到广泛应用。

（1）自动化钢筋加工设备采用精密的机械结构和机械零部件，以确保加工过程的准确性和稳定性。例如，高精度的滑轨、导轨和传动系统可以确保钢筋的精确定位和移动，而高速切割刀具和弯曲机构可以实现快速且精确的加工。

（2）自动化钢筋加工设备采用先进的电气技术来驱动和控制设备的各个部分。电气系统包括电动机、传感器、执行器、电子控制单元等。先进的电气技术可以提供高效的能量转换和传输，实现精确的动作和控制。

（3）自动化钢筋加工设备配备先进的控制系统，如计算机控制系统或可编程逻辑控制（PLC）系统。控制系统可以实现对设备运行和加工过程的精确控制，包括运动控制、角度控制、速度控制等。先进的控制技术可以提供高度可编程性和灵活性，以满足不同加工需求。

（4）自动化钢筋加工设备配备各种传感器，如光电传感器、压力传感器、位置传感器等。这些传感器用于监测和检测加工过程中的关键参数，如钢筋位置、角度、压力等。传感技术可以实现实时监测和反馈，确保加工的精度和质量。

5. 自动化钢筋加工程序设定

设定加工程序的方法通常涉及以下几个步骤：

（1）确定加工要求：了解加工任务的具体要求，包括钢筋的长度、角度、弯曲半径等参数。

（2）确定机器能力：了解自动化钢筋加工设备的技术规格和能力，包括最大加工长度、最大加工角度、最小弯曲半径等参数。根据机器的能力范围，确定加工程序的可行性和限制条件。

（3）编写加工程序：根据加工要求和机器能力，编写相应的加工程序。加工程序通常由设备制造商或专业的加工软件提供，并通过控制面板或计算机界面进行设置。

（4）设定加工参数：根据加工程序的要求，设定具体的加工参数。这些参数包括钢筋的长度、角度、弯曲半径、切割位置等。参数通过输入数值或选择菜单进行设定。

（5）验证和调整：在设定加工程序后，进行验证和调整。将一根或多根样品钢筋进行加工，检查加工结果是否符合要求。如有需要，根据实际情况进行参数的微调和调整，以获得最佳的加工效果。

（6）存储和管理：完成加工程序设定后，将其存储到设备或计算机系统中，供日后使用。加工程序的管理可以通过编码或命名方式进行，方便后续的选择和调用。

需要注意的是，每种自动化钢筋加工设备可能具有不同的操作界面和加工软件，因此具体的设定步骤可能会有所差异。在操作设备前，应详细阅读设备的操作手册和使用指南，并按照设备制造商的要求进行设定和操作。此外，对于复杂的加工任务或特殊要求，可能需要借助专业人员的技术支持或加工软件的高级功能进行设定。

 任务实施

请以钢筋弯曲加工为例来介绍编写加工程序的过程。假设需要将一根长度为 6m 的钢筋进行 90° 的弯曲，弯曲半径为 1m。

 学习小结

（1）输送线系统包括输送带驱动、输送带运转、物料装载、物料运输、卸载或转移。

（2）常见的输送线系统故障有输送带脱轨、电动机异常、传感器故障等。

（3）输送线系统维护内容包含清洁输送带、润滑链条或皮带、检查传动部件以及其他维护注意事项等。

（4）自动化钢筋加工设备采用精密的机械结构和机械零部件确保加工过程的准确性和稳定性；采用先进的电气技术提供高效的能量转换和传输；配备先进的控制系统提供高度可编程性和灵活性，配备各种传感器检测和检测加工过程中的关键参数。

（5）自动化钢筋加工的程序设定包括确定加工要求、确定机器能力、编写加工程序、设定加工参数、验证和调整、存储和管理等步骤。

任务 2.2.3 预制混凝土衬砌管片的质量检测

🛒 任务引入

预制混凝土衬砌管片是盾构法隧道的主体，其尺寸精度直接影响其可装配性（图 2-2-6），影响盾构隧道的净空限界，在《预制混凝土衬砌管片》GB/T 22082—2017与《盾构法隧道施工及验收规范》GB 50446—2017 中，对管片的尺寸有着严格的要求。

图 2-2-6　构件预拼装

为保证管片的质量和可靠性，管片的外观质量不应存在严重缺陷。管片外观质量检测可以帮助确保管片的结构完整和稳定性以及耐久性，减少可能存在的缺陷或损伤，从而提高管片的安全性，延长管片的使用寿命；管片外观质量检测对于保证管片的水密性非常重要。任何表面缺陷、裂缝或不平整的区域都可能导致水渗透或渗漏，影响管片的抗渗性能；管片作为隧道内壁的装饰材料，其外观质量对于隧道整体的美观度和形象非常重要，外观检测可以确保管片表面的平整度、色彩一致性和无明显的瑕疵，提高隧道整体美观度。

预制混凝土衬砌管片有丰富的应用场景。为确保管片在地下环境中能够安全、可靠地承受荷载和环境影响，并保持其结构的完整性和持久性，管片需要能够承受地下水平方向和垂直方向的压力，以及可能的外部荷载，如地面荷载、交通荷载等；管片需要具有足够的抗拉强度，以应对地下水平方向和垂直方向的拉力，以及可能的地震作用或其他动力荷载；管片需要能够抵抗外部荷载引起的弯曲力，保证其结构的稳定性和完整性；管片需要具备足够的韧性，以在受到冲击或动荷载时不易发生突然破坏，确保管片在发生破坏时有足够的变形能力；管片中的钢筋与混凝土之间的粘结要求牢固可靠，能够承受管片在使用过程中产生的剪切力和拉力；地下环境复杂，包括地下水、地下湿度、地下温度等因素的影响，因此管片需要具备一定的抗碱性和抗硫酸盐侵蚀能力，以保证其长期稳定使用。

知识与技能

1. 自动化测量

通过研究机器人自动化测量技术与三维激光扫描技术，获取预制管片（图 2-2-7）的高精度实测数据，实现预制管片的快速扫描。在实际操作过程中，数据采集装置的精度限制、外界环境干扰等诸多因素会对数据质量产生不良影响，导致数据出现噪声、缺失或移位等问题。针对该问题，进一步探索点云数据优化处理算法，并运用数字几何处理方法对数据进行精准分析与调整，实现定量化数据的实时检测与监控。在此基础上，构建一套基于实测数据的预制管片健康状态安全评价指标体系，全面评估预制管片的质量安全状况，确保其在实际工程应用中的可靠性与稳定性。

运用激光＋智能视觉的多源传感器协同检测智能装备对管片的形变进行检测。检测系统组成如图 2-2-8 所示。

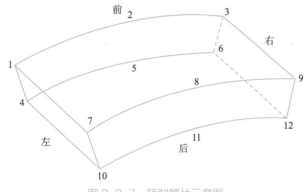

图 2-2-7　预制管片示意图

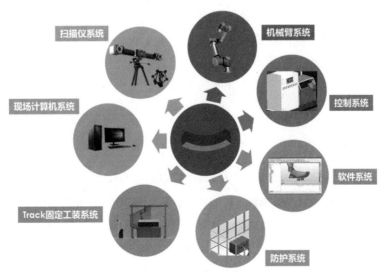

图 2-2-8　检测系统组成

将管片运至待检平台；控制器收到装夹成功信号后，机械臂和扫描仪开始扫描；扫描完一部分，单轴模组带动机械臂在竖直方向移动，配合转台直至扫描完整个工件；扫描完的数据自动导入到自主研发软件进行分析；出检测报告，并输出 PDF 检测文件至指定文件夹，完成无人化检测。

针对盾构管片成型质量检测，根据《盾构隧道管片质量检测技术标准》CJJ/T 164—2011 等相关指标，所考虑的关键检测指标如表 2-2-5 所示。

盾构管片关键检测指标 表 2-2-5

序号	检测项目	单位	允许偏差
1	宽度	mm	± 1.0（管片外径小于 10m 时）
			± 0.4（管片外径不小于 10m 时）
2	弧弦长	mm	± 1.0
3	厚度	mm	−1，+3
4	螺栓孔直径与孔位	mm	± 1.0
5	混凝土接触面不平整度	mm	± 0.5
6	钢筋保护层厚度	mm	± 5

2. 水平拼装测量

管片水平拼装由随机抽样的三环管片组成，每环管片拼装完成后，分别采用钢卷尺和塞尺检测管片环内外径以及纵、环向管片直接接触面的缝隙宽度，同时用插钢丝的方法检测螺栓与孔间隙。管片内外环直径测量点设置在环向间隔45°的四个方向上，每环内外直径测点各4个。纵、环向缝间隙每环各测量6点，即每块测量纵、环向缝间隙各1点，取每块管片纵、环向缝隙最大处测量。水平拼装内外径测点示意图如图 2-2-9 所示。

管片水平拼装的精度应符合表 2-2-6 的要求。

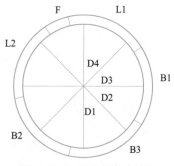

图 2-2-9　水平拼装内外径测点示意图

管片水平拼装检验标准 表 2-2-6

序号	检验项目	检测要求及方法	允许偏差（mm）
1	螺栓孔孔径、孔位	每个螺栓孔，用钢卷尺量	± 1.0
2	成环后内径	同一水平测量断面上选择间隔约45°的四个方向，用钢卷尺量	± 2
3	成环后外径	同一水平测量断面上选择间隔约45°的四个方向，用钢卷尺量	−2，+6
4	环向缝间隙	每条缝测6点，用塞尺量	0~2
5	纵向缝间隙	每条缝测1点，用塞尺量	0~2

3. 检漏试验

检漏试验的试件为按规定抽样的样品。检漏试验前，应首先安装连接好渗漏检验装置，打开泄压排水孔，接通进水阀门，注入自来水。当泄压排水孔排水时关闭泄压排水孔，启动加压水泵，分级施加水压，检漏装置如图 2-2-10 所示。

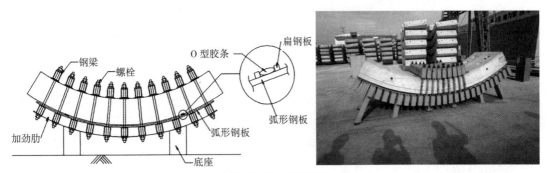

图 2-2-10 检漏装置

试验方法：按 0.05MPa/min 的加压速度，将水加压到 0.2MPa，稳压 10min，检查管片的渗水情况，观察侧面渗透高度，作好记录；继续加压到 0.4MPa、0.6MPa……，每级稳压时间 10min，直至加压到设计抗渗压力，稳压 2h，检查管片内弧面的渗漏情况，观察侧面渗透高度，作好记录；稳压时间内，应保证水压稳定，出现水压回落应及时补压，使水压保持在规定压力值；混凝土管片检漏试验过程中，若因橡胶密封垫不密实出现渗水时应判定试验失败，重新检验。

4. 抗弯试验

抗弯试验的试件为按规定抽样的样品。采用简支两分点对称集中加载的方式进行试验，两支座为管片环向、端面与内侧面的交线处。施荷点为管片外弧面中部，抗弯性能检验装置如图 2-2-11 所示。

试验方法：采用分级加荷法，根据设计荷载以及构件的裂缝开展情况进行分级施加。在荷载达到设计荷载的 80% 前，按设计荷载的 20% 逐级加载，在荷载达到设计荷

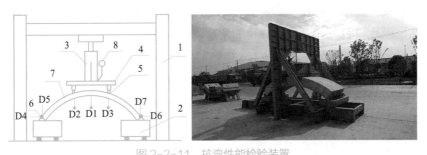

图 2-2-11 抗弯性能检验装置

1—试压架；2—活动小车；3—千斤顶；4—试压杆；5—橡胶垫；6—百分表；7—管片；8—压力表；
D1~D7—加载过程中的数据采集点

载的 80% 以后，第五、六、七级加荷分别按设计荷载的 10%、5%、5% 加载。

每级加荷完成后，持续荷载 3min，记录各测试仪器表显示的数据，同时观察管片是否产生裂缝，第一次裂缝发生后，持续荷载 10min，采用裂缝观测仪观察裂缝的发展及分布情况，记录裂缝宽度。取第一次发生裂缝时的累积施加荷载值为开裂荷载实测值。

当荷载达到设计荷载时，持续荷载 30min，观察管片裂缝开展，若在此荷载作用下管片裂缝宽度不大于 0.2mm，则满足设计验收要求，记录荷载和位移，终止试验。

任务实施

请对预制混凝土衬砌管片进行外观质量、尺寸偏差以及抗弯性能的检测，并出具检测报告。

学习小结

（1）激光 + 智能视觉的多源传感器协同检测智能装备系统包括：扫描仪系统、现场计算机系统、Track 固定工装系统、防护系统、软件系统、控制系统、机械臂系统。

（2）水平拼装测量的误差要在允许范围内；检漏试验要严格按照试验方法进行。

（3）抗弯试验采用分级加荷法，根据设计荷载以及构件的裂缝开展情况进行分级施加，满足设计验收要求时记录荷载和位移，终止试验。

知识拓展

（1）智能化原料处理

研究和应用智能化技术，对预制混凝土衬砌管片所使用的原料进行自动化处理和控制，包括配合比设计、原材料称量、搅拌等过程，以提高生产的精度和效率。

码 2-2-1
项目 2.2 知识拓展

（2）智能化模具设计和制造

研究和开发智能化模具设计和制造技术，通过数控加工、3D 打印等先进技术，实现模具的自动化设计和制造，以提高管片的精度和一致性。

（3）智能化养护与固化

探索智能化养护与固化技术，利用传感器和控制系统实时监测和调控混凝土管片的养护环境，以确保其正常的固化过程和质量。

（4）人工智能与自主控制

研究和应用人工智能与自主控制技术，如机器学习和深度学习算法，实现对预制混凝土管片生产过程的自主控制和优化，以适应不同的生产条件和需求。

（5）可持续发展和绿色生产

关注环境保护和可持续发展，研究和应用绿色材料、节能技术和低碳生产工艺，以降低生产过程对环境的影响，实现预制混凝土管片的可持续发展。

习题与思考

一、填空题

1. 预制混凝土衬砌管片的应用主要涵盖了_____、_____、_____、_____和市政工程等领域。

2. 在生产线上，运输是一个重要的环节，目前常见的生产线运输方式有_____、_____和_____。

码 2-2-2
项目 2.2 习题与思考参考答案

3. 常见的输送线系统故障，有_____、_____、_____等。

4. 自动化钢筋加工设备的原理基于先进的机械、电气和控制技术，通过自动化和智能化的方式实现钢筋的_____、_____、_____等工序，提高钢筋加工的效率、准确性和一致性。

5. 预制混凝土衬砌管片在进行抗弯试验时，应采用_____加荷法，在荷载达到设计荷载的 80% 前，每级加载按设计荷载的_____逐级加载。

二、简答题

1. 智能化设备在预制混凝土衬砌管片生产中的应用有哪些优势？

2. 自动化钢筋加工程序设定包括哪些步骤？

3. 简述管片外观质量检测的重要性。

三、讨论题

1. 智能生产过程中的数据采集和分析系统在预制混凝土衬砌管片生产中有何作用？请讨论其优势和应用场景。

2. 预制混凝土衬砌管片的智能生产对环境有何影响？

3. 在预制混凝土衬砌管片生产中的智能化设备是否会取代人力？请讨论智能化设备与人力工作的关系和互补性。

钢结构部品部件工业化智能生产

H 型钢部品部件的工业化智能生产

H 型钢概述
H 型钢生产工艺流程
H 型钢的智能质量检测

箱型柱部品部件的工业化智能生产

箱型柱生产工艺流程
箱型柱的生产执行系统

项目 3.1　H 型钢部品部件的工业化智能生产

教学目标

一、知识目标

1. 理解 H 型钢的结构、特性和应用领域；

2. 熟悉 H 型钢部件的生产工艺流程，包括材料准备、加工、组装和检验等环节；

3. 掌握 H 型钢部件生产中使用的数字化设备、自动化工艺和智能化技术。

二、能力目标

1. 能够根据设计要求选择合适的 H 型钢材料，进行材料的准备和预处理工作；

2. 掌握 H 型钢的切割、成型、组装和焊接等加工技术，确保部件的精确度和质量；

3. 能够操作和维护数字化设备，如数控切割机、自动化焊接机等。

三、素养目标

1. 强调安全意识和遵守相关的安全规范，在工作中注重职业健康和环境保护；

2. 培养团队合作和沟通能力，与其他团队成员协作完成工作任务；

3. 培养自主学习和持续创新的能力，关注行业发展动态，掌握新技术和新工艺的应用。

学习任务

了解 H 型钢部品部件的工业化智能生产流程以及生产过程中所需的知识点和技能点。

建议学时

6 学时

思维导图

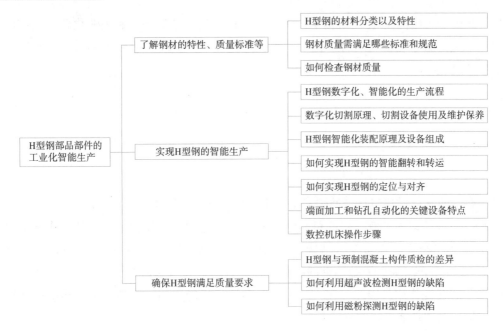

任务 3.1.1 H 型钢概述

 任务引入

钢结构部品部件可以根据其功能和应用进行分类，包括用于承载结构的主梁和柱子、用于大跨度结构和屋顶结构，具有较高的刚度和承载能力的桁架；用于建筑物的底板和屋顶结构的平面框架、用于提供强度和稳定性的各种形状和尺寸的钢板；用于连接不同部件的连接件；用于增加结构的刚度和稳定性的支撑和加强件；用于增加建筑外观和保护结构的装饰和保护件等。

H 型钢是一种常用的钢结构构件，其截面形状呈"H"字形，如图 3-1-1 所示。H 型钢的截面分布均匀，重心位置合理，可以有效承受竖向和横向的力，具有较高的强度和刚性；H 型钢的截面形状使其在受到弯曲力作用时能够有效抵抗变形和破坏；相比于传统的钢材，H 型钢在相同强度下具有较轻的重量，可以降低结构的自重，提高承载能力；H 型钢具有统一的规格和标准化的制造工艺，易于加工、焊接和安装，可以快速、高效地进行施工。

H 型钢可以根据需要进行进一步的加工和组合，形成

图 3-1-1 H 型钢

各种结构形式，满足不同的工程需求，广泛用于工业建筑、桥梁、船舶、机械设备等领域，特别适用于大跨度和大荷载要求的结构。

传统的 H 型钢生产往往依赖于人工操作和传统的生产设备，而工业化智能生产则通过引入先进的数字化设备、自动化工艺和智能化技术，实现 H 型钢的高效、精确和智能化的生产过程。

知识与技能

1. 不同类型的钢材料及其特性

H 型钢的常见材料包括普通碳素结构钢和低合金高强度钢。

普通碳素结构钢具有较好的可塑性和可焊性。它们在拉伸和弯曲等载荷作用下具有较好的强度和刚度。普通碳素结构钢的力学性能通常根据其材料等级进行规定，例如 Q235、Q345 等。普通碳素结构钢的耐腐蚀性能较弱，容易受到大气氧气、水蒸气和一些化学物质的腐蚀作用。因此，在一些具有腐蚀性环境的应用中，需要进行防腐蚀处理或选择其他耐腐蚀性能更好的材料。

低合金高强度钢相比普通碳素结构钢具有更高的强度和韧性。它们能够承受更大的拉伸和弯曲应力，适用于对结构强度要求较高的场合。低合金高强度钢的力学性能也根据其具体合金成分和热处理状态而有所差异。低合金高强度钢的耐腐蚀性能相对较好，具有较高的抗氧化和抗腐蚀能力。然而，不同合金成分和表面处理状态的低合金高强度钢在不同环境条件下的耐腐蚀性能也会有所差异，需要根据具体情况进行选择和处理。

需要注意的是，具体的 H 型钢材料和其力学特点、耐腐蚀性能可能会因不同的标准、规范和厂商而有所不同。在实际应用中，需要根据工程设计要求和环境条件选择合适的 H 型钢材料，并进行必要的防腐蚀措施，以确保结构的安全性和耐久性。

2. 钢材质量的相关标准和规范

钢材质量的相关标准和规范包括国家标准、行业标准以及国际标准。表 3-1-1 是一些常见钢材质量的标准和规范。

此外，还有一些其他国家和地区的标准和规范，如美国的 ASTM 标准、欧洲的 EN 标准等，它们也涉及钢材质量的规定。这些标准和规范通常包含了钢材的化学成分、力学性能、尺寸和质量要求等方面的规定，以确保钢材的质量和适用性符合相关的工程和设计要求。在实际使用中，应根据具体需求参考相应的标准和规范进行选择和使用。

3. 钢材检查方法

检查钢材的方法主要包括外观检查、尺寸测量和化学成分分析。

外观检查主要是通过目视观察钢材的表面和外形来判断其质量。检查的内容包括表面是常见钢材质量的标准和规范   表 3-1-1

分类	名称	编号
国家标准	碳素结构钢和低合金结构钢热轧钢板和钢带	GB/T 3274—2017
	低合金高强度结构钢	GB/T 1591—2018
	合金结构钢	GB/T 3077—2015
	保证淬透性结构钢	GB/T 5216—2014
	热轧 H 型钢和剖分 T 型钢	GB/T 11263—2017
	冷弯型钢通用技术要求	GB/T 6725—2017
	锻件用结构钢牌号和力学性能	GB/T 17107—1997
行业标准	热轧花纹钢板和钢带	YB/T 4159—2007
	焊接 H 型钢	YB/T 3301—2005
国际标准	热轧型钢 第13部分：斜缘梁、柱型钢和槽钢的尺寸公差	ISO 657—13:1981
	结构钢 第1部分：热轧产品的一般技术交付条件	ISO 630—1:2021

否平整、有无明显缺陷（如划痕、凹陷、氧化等）、有无明显的变形或裂纹等。

尺寸测量是通过使用测量工具（如卡尺、测微计等）来确定钢材的几何尺寸。常见的测量参数包括长度、宽度、厚度、直径等。通过与设计要求或规范进行比对，可以判断钢材的尺寸是否符合要求。

化学成分分析是通过实验室测试来确定钢材的化学成分，包括元素含量、合金成分等。常用的分析方法包括光谱分析、电化学分析、燃烧分析等。通过分析结果，可以验证钢材的化学成分是否符合相关标准和规范要求。

除了上述方法，还有其他一些常见的检查方法，例如磁粉检测、超声波检测、硬度测量等，这些方法可以用于检测钢材的内部缺陷、强度和硬度等特性。

在实际操作中，通常会结合多种检查方法来全面评估钢材的质量。检查过程应遵循相应的标准和规范，使用合适的仪器和设备，并由经验丰富的专业人员进行操作和判断，以确保钢材的质量符合要求。

以一根钢管为例：首先，目视观察钢管的表面，检查钢管的表面是否平整，是否有明显的刮擦痕迹或腐蚀现象；接下来，检查钢管的直径是否均匀、是否有明显的变形或弯曲等；然后，使用卡尺或测微计等测量工具，测量钢管的直径是否与设计要求的直径一致，测量钢管的长度是否与规范要求的长度相符；最后，从钢管中采取样品，采用光谱分析或化学分析方法，确定钢管中主要元素（如碳、硫、磷等）的含量是否在规定范围内。通过上述的外观检查、尺寸测量和化学成分分析，可以对钢管的质量进行评估，确保其符合相关的标准和规范要求。

 任务实施

请根据 H 型钢使用环境，选择符合要求的材料，并对钢材进行检查和评估。

学习小结

（1）H型钢的常见材料包括普通碳素结构钢和低合金高强度钢；钢材质量的规定可参考相关国家标准、行业标准以及国际标准。

（2）检查钢材的方法主要包括外观检查、尺寸测量和化学成分分析，还有其他一些常见的检查方法，如磁粉检测、超声波检测、硬度测量等。

任务 3.1.2　H型钢生产工艺流程

 任务引入

在实际H型钢生产中需要注重生产过程中的安全性、环保性和效率性，以提高生产效率和产品质量，其具体生产工艺流程如图3-1-2所示。

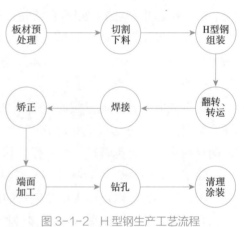

图 3-1-2　H型钢生产工艺流程

（1）板材预处理：在H型钢制作之前，需要对钢板进行预处理。这包括去除表面的锈蚀、油污和杂质，以确保板材表面清洁，并提高焊接质量。

（2）切割下料：根据设计要求和尺寸规格，将预处理好的钢板进行切割，得到所需的板材零件和组件。

（3）H型钢组装：根据设计图纸和工艺要求，将切割好的板材零件进行组装。通常，上槽和下槽通过焊接或螺栓连接，形成H型钢的截面形状。

（4）翻转、转运：在组装完成后，将H型钢翻转至正确的位置，以便进行后续加工和焊接；或者使用起重设备或运输工具将组装好的H型钢进行转运，以便移动至下一个工序的加工区域。

（5）焊接：对H型钢进行焊接，将零部件和组件进行牢固的连接。常用的焊接方法包括电弧焊、气体保护焊等，确保焊缝的质量和强度。

（6）矫正：焊接完成后，对H型钢进行矫正，以消除焊接过程中产生的变形和应力，使其达到设计要求的形状和尺寸。

（7）端面加工：对H型钢的端面进行加工，以确保其平整度和垂直度。这可能涉及铣削、切割、修整等工艺。

（8）钻孔：根据需要，在H型钢上进行钻孔加工，以便后续安装和连接其他构件。

（9）清理涂装：对加工完成的 H 型钢进行清洁处理，去除焊渣、氧化物和其他污染物，并进行防腐涂装，以提高钢材的耐腐蚀性和外观质量。

在 H 型钢的生产过程中，数字化和智能化技术的应用主要体现在以下几个方面：

（1）设计与仿真：通过计算机辅助设计（CAD）软件，可以实现对 H 型钢结构的三维建模和设计。利用仿真软件，可以对结构进行静力学和动力学分析，评估其受力性能和稳定性。

（2）切割与下料：数字化切割设备，如数控切割机，能够根据设计图纸自动进行切割，实现高精度和高效率的下料操作。

（3）组装与对位：通过智能化装配设备和机器人，可以实现 H 型钢零部件的自动化组装和对位。传感器和视觉系统可以用于检测和纠正组装过程中的误差，确保准确对位和配合。

（4）焊接与矫正：数字化焊接设备，如焊接机器人和自动焊接设备，能够根据预设的焊接路径和参数进行自动焊接操作。智能化的矫正系统可以对焊接后的结构进行实时监测和调整，以消除变形和应力。

（5）检测与质量控制：数字化检测设备和传感器可以对加工过程中的尺寸、形状和质量进行实时监测和检测。通过数据采集和分析，可以及时发现问题并进行调整和修正，以确保产品符合设计要求和质量标准。

（6）数据管理与追溯：通过数字化的生产管理系统和信息化平台，可以实现对加工过程的数据记录、管理和追溯。其包括生产计划、工艺参数、质量检测数据等，可以在生产过程中进行实时监控和分析，为质量控制和优化提供依据。

通过数字化和智能化技术的应用，可以提高生产效率、减少人力成本、提高产品质量和一致性，并实现生产过程的可追溯性和可控性。同时，还可以为优化工艺流程、提升生产能力和实现定制化生产提供支持。

知识与技能

1. 数字化切割原理

钢材的切割设备可以根据切割原理和应用领域进行分类。目前市面上比较常见的钢材切割设备主要有以下四种：

（1）火焰切割设备：利用氧气和燃料气体（如乙炔）的燃烧产生高温火焰，将火焰对准要切割的材料，使其加热到高温，同时使用喷嘴中的氧气将被加热的材料氧化剥离，实现切割。这里的能量转化包括燃烧产生的热能和氧化反应的化学能转化为切割力和热能。火焰切割设备广泛应用于钢板、钢管等钢材的切割。

（2）等离子切割设备：利用高频电源产生的电弧放电，使气体形成等离子体弧焰，通过高温等离子体对材料进行加热和溶解，然后使用气体喷射将溶解的材料吹走，实现切割。能量转化包括电能转化为等离子体的热能和离子动能，以及气体喷射的动能转化为切割力。等离子切割设备适用于较厚的钢板切割，具有较高的切割速度和精度。

（3）激光切割设备：采用激光束对钢材进行高能量密度的照射，使材料在激光束的作用下瞬间融化和气化，然后通过气流将熔融的材料吹走，实现切割。能量转化包括激光束的光能转化为热能和气化能，以及气流的动能转化为切割力。激光切割设备具有高精度、高速度和灵活性的优点。

（4）高压水切割设备：将电能（用于驱动增压泵）、压力能和动能转化为破坏能，从而实现对钢材的切割，高压水切割设备可与磨料混合使用，以增加切割能力。高压水切割具有非接触、无热影响区、高精度和适用于各种材料的特点，广泛应用于钢材切割、清洗和加工等领域。

以上是钢材切割设备的一些常见分类，不同的切割设备适用于不同类型和厚度的钢材，选择适合的切割设备可以提高切割效率和质量。

数字化切割技术是利用计算机控制和自动化系统对切割过程进行精确控制和调节的一种切割方法。假设有一块钢板，需要按照特定的形状进行切割。数字化切割技术的基本流程可分为如下六步：

（1）CAD设计：使用计算机辅助设计（CAD）软件创建或导入钢板的二维轮廓图形，进行必要的编辑和调整，以符合要求。

（2）切割路径生成：基于CAD设计，通过软件生成切割路径，切割路径定义了切割设备在材料上移动的轨迹，确定了切割点的位置和顺序。

（3）数控编程：根据生成的切割路径，利用数控编程软件将路径转化为机器可以理解的指令。这些指令包括切割速度、切割深度、刀具位置等。

（4）机器控制：将编程好的指令加载到数控切割机器的控制系统（包括计算机、控制器和执行器）中。控制系统根据指令控制切割设备的运动，通过电气或液压系统控制切割设备的运动。

（5）实时监测与调节：在切割过程中，通过传感器和反馈系统对切割参数进行实时监测，例如，使用光学传感器检测刀具位置和切割深度，使用温度传感器监测切割区域的温度。根据监测结果，控制系统可以自动调节参数，以保证切割质量和精度。

（6）自动化操作：数字化切割技术实现了自动化的切割过程。一旦设备和程序设置完成，操作员只需监控和管理切割过程，无需手动操作每个切割点。

通过数字化切割技术，钢板可以快速、精确地按照设计要求进行切割。这种方法减少了人为误差，提高了生产效率，并确保了切割的一致性和精度。

2.数字化切割设备操作

对于数字化切割设备的具体操作，由于不同设备和厂商可能有不同的规定和特点，因此需要参考具体设备的操作手册来了解详细的操作步骤和注意事项。在操作设备前，操作人员应事先熟悉设备的操作手册和相关说明，了解设备的工作原理、功能和操作步骤，并且应穿戴好相关的个人防护装备，如安全眼镜、手套等，严格遵守设备操作的安全规范。

以下是一般设备操作中可能包含的内容：

（1）设备准备：确保数字化切割设备处于正常工作状态，检查设备的供电、气源和冷却系统等是否正常运行。

（2）材料准备：准备待切割的材料，包括钢板或其他材料，并确保其尺寸和质量符合要求。

（3）设定参数：根据切割要求，设置数字化切割设备的参数。这些参数可能包括切割速度、切割深度、刀具类型、切割路径等。

（4）加载材料：将待切割的材料放置在数字化切割设备的工作台上或夹具中，确保材料稳定固定，以防止在切割过程中发生材料移动或变形。

（5）启动设备：启动数字化切割设备，确保设备开始运行。

（6）切割路径选择：根据设计或切割要求，在设备的控制界面上选择或输入正确的切割路径。

（7）切割过程监控：在切割过程中，通过观察数字化切割设备的显示屏、操控面板或监控系统，实时监控切割过程中的刀具运动、切割深度和切割速度等参数。

（8）切割完成和卸载：当切割任务完成后，停止数字化切割设备运行，并小心地将切割好的零件从设备中取出。

（9）清理和维护：及时清理数字化切割设备，包括清除切屑、清洁刀具和切割区域，确保设备保持良好的工作状态。定期进行设备维护，如更换刀具、检查和润滑设备部件等。

（10）数据记录和分析：根据需要，记录切割过程中的数据，如切割时间、切割速度、刀具磨损等，并进行数据分析以改进切割效率和质量。

3. 设备故障排除以及维护保养

当设备出现故障时，需遵循一定的步骤对故障进行排除。

（1）观察和记录：仔细观察设备的异常现象，例如噪声、振动、闪烁的灯等，并记录故障出现的时间和条件。

（2）安全措施：确保在进行故障排除之前，切断设备的电源，并采取其他必要的安全措施，例如戴上适当的个人防护装备。

（3）检查电源和连接：检查设备的电源线是否插好，检查电源开关是否打开，确保设备获得正常的电力供应。

（4）检查传感器和开关：检查设备上的传感器和开关是否正常工作，检查其连接是否牢固，清洁传感器以确保正常的信号传输。

（5）检查液位和润滑：对于液压或润滑系统，检查液位是否在适当范围内，确保液体清洁和润滑良好。

（6）检查机械部件：检查设备的机械部件，如切割刀具、导轨、传动装置等，确保它们没有损坏或松动，并进行必要的维护和润滑。

（7）检查控制系统：检查设备的控制系统，包括电路板、控制器、传输线等，确保它们正常工作，没有松动或损坏的连接。

（8）重启设备：有时设备出现故障后重启可以解决一些临时性的问题，尝试关闭设备，等待片刻后再重新启动。

（9）软件故障排除：对于数字化切割设备，有时故障是由软件问题引起的，尝试检查和调整设备的软件设置，或者重新安装软件。

如果以上步骤无法解决问题，建议寻求设备制造商或专业技术支持的帮助，他们有经验且熟悉设备，可以提供更深入的故障排除和维修建议。

数字化切割设备的维护与保养是确保设备正常运行和延长设备寿命的重要环节。以下是一些常见的维护与保养措施：

（1）清洁设备：定期清洁设备的外部和内部部件，包括切割区域、传动系统、电气元件等。使用合适的工具和清洁剂，避免积尘和杂物对设备造成影响。

（2）润滑部件：根据设备制造商的指导，定期对润滑部件进行润滑。使用适当的润滑剂，确保部件的正常运转和减少摩擦损耗。

（3）检查传感器和电气元件：定期检查和测试设备的传感器和电气元件，确保其正常工作。检查电线连接是否松动、损坏或磨损，及时修复或更换。

（4）定期校准：根据设备制造商的建议，定期对设备进行校准，确保切割精度和准确性。

（5）更换磨损部件：定期检查设备的关键部件，如切割刀具、切割嘴等，发现磨损或损坏时及时更换，以保持设备的正常运行和切割质量。

（6）定期维护：根据设备制造商的维护计划，进行定期维护工作。这可能包括更换过滤器、清理冷却系统、检查液压系统等。

（7）做好记录：记录设备的维护和保养情况，包括维护日期、维护内容、更换部件等。这有助于跟踪设备的维护历史和提供参考资料。

4. H 型钢智能化装配原理

H 型钢的智能化装配设备基于先进的机械、电气和控制技术开发，旨在实现高效、精确和自动化的构件装配过程。智能化装配设备具有以下功能：

（1）自动化组装：能够根据预设的装配任务和程序，自动执行部品部件的组装过程，减少人工操作的需求。

（2）智能感知：配备各种传感器，能够感知环境和装配过程中的信息，实时反馈给控制系统，并根据反馈信息做出相应的调整。

（3）高精度和重复性：通过精确的机械结构和精密的控制系统，能够实现高精度和稳定的装配操作，保证装配的质量和一致性。

（4）数据记录和分析：能够记录装配过程中的数据和参数，进行数据分析和统计，为质量控制和工艺优化提供依据。

（5）故障诊断和自修复：配备故障诊断功能，能够检测设备故障并给出警报或自动修复，提高设备的可靠性和稳定性。

智能化装配设备通常由机械臂、传送带、夹具和工作台等组成。机械臂用于抓取、移动和放置零件，传送带用于输送零件，夹具用于固定零件，工作台用于完成具体的装配操作。

在 H 型钢智能化组装中，可能会使用多种传感器来监测和控制组装过程。以下是几种常见的传感器及其工作原理：

（1）位移传感器：用于测量零件的位置和位移，常见的位移传感器包括激光位移传感器、压电位移传感器等。通过测量物体与传感器之间的距离或物体的位移，实时监测构件的位置和姿态，并将数据传输到控制系统。

（2）压力传感器：用于测量组装过程中的压力。压力传感器通常采用应变片、电阻应变片或压电传感器等，将受力部位的压力转换为电信号输出。例如，在拧紧螺栓的过程中，力传感器可以测量拧紧力的大小，并将其反馈给控制系统进行控制和调整。

（3）加速度传感器：用于测量物体的加速度和振动情况。加速度传感器采用电压、电容或微机电系统（MEMS）等，将物体的加速度转换为电信号输出。

（4）角度传感器：用于测量物体的角度或转动情况。常见的角度传感器包括光电编码器、磁性编码器等，通过检测旋转轴上的光、磁信号来获取角度信息。

（5）温度传感器：用于监测组装过程中的温度变化。温度传感器可以采用热电偶、热敏电阻或红外线传感器等，将温度转换为电信号输出。例如，在焊接过程中，温度传感器可以监测焊接温度，以确保焊接质量和控制温度变化。

（6）视觉传感器：用于捕捉和分析零件的视觉信息。通过安装视觉传感器，可以实现零件的识别、定位和质量检测。视觉传感器可以通过图像处理算法分析零件的形状、颜色和特征，以支持智能化的装配过程。

通过这些传感器的数据收集和分析，控制系统可以实时监测装配过程中的各项参数，并根据需要进行调整和控制。传感器数据的读取和解析以及与控制系统的连接和交互通常涉及以下步骤和技术：

（1）数据读取：传感器通常会输出模拟信号或数字信号。对于模拟信号需要使用模数转换器（ADC）将其转换为数字信号，而数字信号则可以直接读取。控制系统通过适配器或接口与传感器进行连接，以接收传感器的输出数据。

（2）数据解析：一旦传感器数据被读取，控制系统需要对其进行解析和处理。这包括解析数据的格式、单位和范围，以确保正确地理解和使用传感器提供的信息。

（3）数据处理和分析：读取和解析的数据可能需要经过进一步的处理和分析，以提取有用的信息。这可能涉及数据滤波、校准、平均化、统计分析等技术，以确保获得准确可靠的数据。

（4）连接与交互：传感器和控制系统之间的连接通常通过通信接口实现，如以太网、串行通信（如 RS-232、RS-485）、无线通信（如 Wi-Fi、蓝牙）等。通过适当的通信协议和接口，传感器可以与控制系统进行实时数据交互和通信。

（5）数据反馈和控制：一旦传感器数据被读取、解析和处理，控制系统可以根据这些数据做出相应的控制决策。例如，根据温度传感器的数据调整加热器的功率，根据压力传感器的数据控制液压系统的工作等。通过实时的数据反馈和控制，系统可以实现自动化的控制和调整。

这些过程中涉及的具体技术和方法取决于传感器和控制系统的类型、通信协议和硬件设备。通常，现代的智能化设备采用标准化的通信接口和协议，以便传感器与控制系统之间的连接和数据交互更加简化和可靠。

5. H 型钢构件的智能翻转与转运操作

H 型钢的智能翻转和转运是指利用智能化装配设备和自动化系统来完成对 H 型钢构件的翻转和转运操作。在智能翻转和转运过程中，传感器的数据采集和控制系统的指令调整起着重要的作用，确保操作的准确性和安全性。

（1）准备工作：确保智能化装配设备和转运设备正常工作，并与控制系统连接良好。确定翻转和转运的目标位置、方向和要求，例如要求构件平稳翻转、在转运过程中保持平衡等。

（2）定位和固定：使用智能化装配设备将 H 型钢构件定位并固定在转运装置上，确保构件的稳定性和安全性。定位和固定过程可以通过传感器实时监测，确保构件的正确位置和姿态。

（3）翻转操作：控制系统发出相应的指令，启动翻转装置对构件进行翻转。翻转过程中，控制系统通过传感器监测构件的角度和位置，确保翻转过程平稳、安全，并控制翻转速度和角度以达到预定要求。

（4）转运操作：控制系统根据预设的转运路径和要求，控制转运装置进行移动和定位。转运过程中，控制系统可以通过传感器实时监测构件的位置和姿态，调整转运装置的运动轨迹，确保构件的安全转运和准确定位。

（5）检验和确认：在翻转和转运完成后，进行检验和确认，确保构件的位置和姿态符合要求。可以使用测量工具进行验证和确认，例如测量构件的水平度、垂直度等。

6. H 型钢部件的定位与对齐操作

H 型钢部件的智能定位和对齐是一个复杂的过程，具体的操作步骤可能因设备和系统而异，以下是一般情况下的操作步骤：

（1）准备工作：确保智能化装配设备和传感器正常工作，并与控制系统连接良好。根据装配要求，设定目标位置、角度和对齐要求。

（2）数据采集：启动传感器并开始采集构件的位置、角度和形状等数据。可以使用视觉传感器、激光测距传感器等多种类型传感器，具体选择根据实际需求决定。

（3）数据处理和分析：控制系统接收传感器数据，并进行实时处理和分析。利用算法和模型对传感器数据进行解析和识别，提取出构件的几何特征和位置信息。

（4）定位和对齐计算：基于传感器数据和预设的装配要求，控制系统使用定位和对齐算法计算出构件的正确位置和姿态。算法可以根据装配场景和要求进行优化和调整，以达到最佳的定位和对齐效果。

（5）控制指令和执行：控制系统根据计算得到的定位和对齐结果，发出相应的控制指令。智能化装配设备根据控制指令进行操作，将构件自动调整到正确的位置和姿态。

（6）反馈和调整：在定位和对齐过程中，智能化装配设备可能会不断进行反馈和调整。通过实时监测和比较实际位置与目标位置的差异，控制系统可以对装配过程进行反馈控制，确保最终的定位和对齐精度。

（7）检验和确认：完成定位和对齐后，进行检验，确保构件的位置、角度和对齐符合要求。如果需要，可以使用测量工具对装配结果进行验证和确认。

7. H 型钢部件的端面加工和钻孔自动化

H 型钢的端面加工和钻孔在智能化生产中也可以实现自动化。

采用数控机床或自动化加工中心，通过预先编程和控制系统，实现对 H 型钢端面的精确加工。自动端面加工设备可以根据预设的加工参数，自动进行切割、修整和修边等操作，确保端面平整、垂直度和尺寸精度符合要求。

使用自动化钻孔机或数控钻床，能够根据预先设定的钻孔位置和参数，自动进行钻孔操作。自动钻孔设备通过自动进给、定位和切削控制，实现高效、准确的钻孔过程。

数控机床是实现自动化加工的关键设备之一。数控机床的主要特点是能够实现高精度、高效率的加工，具有以下功能和特性：

（1）自动化控制：数控机床通过计算机控制系统自动执行加工程序，无需人工干预，大大提高了生产效率。

（2）多轴控制：数控机床可实现多轴控制，可以同时进行多个加工操作，如端面加工和钻孔等，提高了加工的灵活性和效率。

（3）加工精度：数控机床具有高精度的加工能力，能够精确控制加工过程中的刀具运动、进给速度和切削参数，保证加工结果的精度和质量。

（4）自动刀具变换：数控机床可配备自动刀具变换系统，能够根据加工程序的要求自动更换刀具，实现多种不同工序的连续加工。

（5）数据化管理：数控机床可以与计算机网络连接，实现数据的传输和管理，方便生产计划的编制和生产数据的监控。

除了数控机床，还有其他辅助设备和技术可以实现 H 型钢端面加工和钻孔的自动化。

（1）自动送料系统：工件从起始位置进入自动送料系统，传感器检测工件的位置和状态，控制系统根据设定的参数进行送料操作，将工件送入机床进行端面加工和钻孔。

（2）自动夹紧装置：自动夹紧装置是通过控制夹紧机构和传感器的协调工作，实现对 H 型钢工件的稳定夹紧。在加工过程中，夹紧装置将工件固定在适当的位置，以确保加工精度和安全性。

这些设备和技术的综合应用，可以实现 H 型钢的智能化生产，大大提高生产效率，减少操作人员的劳动强度，并确保加工质量的一致性和稳定性。

8. 数控机床的操作

在 H 型钢端面加工和钻孔过程中，数控机床的操作步骤如下：

（1）准备工作：确保数控机床和工作区域安全，并符合操作规范；检查机床的电源和控制系统是否正常运行；检查工件和刀具是否正确安装，并进行必要的夹紧。

（2）启动机床：打开数控机床的电源，并确保机床的各项功能正常；启动数控系统，并进行初始化操作，包括坐标原点设定和参考点归零等。

（3）加工参数设定：根据加工要求，设定数控机床的加工参数，包括切削速度、进给速度、切削深度等；根据工艺要求，选择合适的刀具和切削参数。

（4）加工程序编程：根据加工图纸和要求，编写数控机床的加工程序。这包括定义切削路径、切削顺序、切削深度等。编写加工程序需要使用专门的编程语言，如 G 代码和 M 代码。使用数控编程软件，将编写好的程序上传到数控机床的控制系统中。

（5）加工过程监控：启动加工程序，开始加工过程；在加工过程中，通过数控系统监控切削参数、工件位置和刀具状态等；根据需要，可以进行实时调整和修正，以确保加工的准确性和质量。

（6）完成加工：加工完成后，停止加工程序，并将数控机床恢复到初始状态；检查加工结果，包括工件尺寸、表面质量等，确保符合要求。

（7）清理和维护：清理加工区域，清除切屑和废料等。对数控机床进行日常维护，包括润滑、检查零部件磨损等。

需要注意的是，具体的数控机床操作步骤可能会由于机床型号、加工要求和工艺流程的不同而有所差异。在操作数控机床之前，需要熟悉并遵守相关的操作手册和安全规范。同时，对于复杂的加工任务，可能需要经过培训和经验积累才能熟练操作数控机床。

 任务实施

请设计一个 H 型钢的智能化生产流程，涵盖切割、翻转、转运、装配和端面加工钻孔等环节，并尝试优化。

学习小结

（1）H 型钢的生产工艺流程一般为板材预处理、切割下料、H 型钢组装、翻转、转运、焊接、矫正、端面加工、钻孔、清理涂装等。

（2）常见的钢材切割设备有火焰切割设备、等离子切割设备、激光切割设备、高压水切割设备等。数字化切割技术的基本流程可分为六步：CAD 设计、切割路径生成、数控编程、机器控制、实时监测与调节、自动化操作。

（3）数字化切割设备操作包括设备准备、材料准备、设定参数、加载材料、启动设备、切割路径选择、切割过程监控、切割完成和卸载、清理和维护、数据记录和分析等内容。

（4）数字化切割设备出现故障时需遵循一定的步骤进行排除；数字化切割设备的维护与保养是确保设备正常运行和延长设备寿命的重要环节。

（5）H 型钢智能化装配设备应具有自动化组装、智能感知、高精度和重复性、数据记录和分析、故障诊断和自修复等功能。

（6）H 型钢构件的智能翻转和转运操作、H 型钢部件的定位与对齐操作、H 型钢部件的端面加工和钻孔自动化、数控机床的操作等都需遵循相应的步骤。

任务 3.1.3   H 型钢的智能质量检测

 任务引入

随着智能化技术的发展和应用，H 型钢的生产过程在不断地改进，传统的质量检测和控制方法往往依赖人工操作和经验判断，存在着主观性和不稳定性的问题。而现代智能化技术的应用，为 H 型钢的质量检测提供了全新的解决方案。

H 型钢的智能质量检测和陶粒板、预制混凝土管片的智能质量检测的相同点和不同点如下：

（1）相同点

自动化检测：无论是 H 型钢、陶粒板还是预制混凝土管片，智能质量检测都采用自动化的方式进行，使用传感器和先进的检测设备对产品进行快速、准确检测。

数据分析和记录：这些智能质量检测系统都具备数据分析和记录功能，能够收集、处理和存储检测数据，以便后续分析、追溯和质量管理。

故障检测和报警：无论是 H 型钢、陶粒板还是预制混凝土管片，智能质量检测系统都能够检测产品中的缺陷、故障或异常情况，并发出警报或报警，以便及时处理和修正。

（2）不同点

检测对象和特性：陶粒板和预制混凝土管片是非金属构件，其智能质量检测更注重表面质量、强度、厚度、尺寸偏差等特性。而 H 型钢是一种金属构件，其智能质量检测主要关注尺寸、形状、角度、对称性、焊缝质量等方面。

检测方法和设备：由于材料和特性的不同，陶粒板和预制混凝土管片的智能质量检测常采用视觉检测、激光检测、X 射线检测、力学性能测试等方法。而 H 型钢的智能质量检测除了需要上述的检测设备之外，还包括超声波检测设备、磁粉探伤仪、光谱仪等。

检测标准和规范：不同产品有不同的检测标准和规范，H 型钢、陶粒板和预制混凝土管片在质量检测方面有各自的行业标准和规范。因此，在智能质量检测中，对于检测参数、阈值和判定标准的设置可能会有差异。

总体而言，H 型钢、陶粒板和预制混凝土管片的智能质量检测都致力于提高产品的质量和一致性，通过自动化和数据分析的手段，提高生产效率和产品可靠性，减少人为因素的干扰，并实现质量的可追溯和持续改进。

 知识与技能

1. H 型钢超声波检测原理和方法

H 型钢的超声波检测是一种基于声学原理的无损检测方法，通过发射超声波并接收回波信号来评估材料内部的缺陷情况。以下是 H 型钢超声波检测的原理、检测方法、缺陷识别和评估。

（1）原理

超声波是一种机械波，通过固体材料中的传播来传递能量，它在固体材料中的传播速度和传播路径会受到材料的物理特性和内部缺陷的影响。例如，当超声波遇到材料内部的缺陷、界面或材料性质变化时，部分能量会被反射、散射或吸收，形成回波信号。通过分析回波信号的强度、时间延迟和波形等特征，可以判断材料内部的缺陷类型、位置和尺寸。

（2）检测方法

准备工作：确定超声波检测的设备和仪器，包括超声波发射器和接收器、探头、耦合剂等。将探头安装在 H 型钢上，并与材料表面充分接触。

超声波发射和接收：超声波探头包含一个发射晶片和一个接收晶片。发射晶片将电能转换为超声波能量，并将其传播到 H 型钢中。接收晶片接收从材料内部反射回来的超声波信号。

超回波信号分析：接收到的回波信号通过放大、滤波和数字化等处理步骤进行分析。常用的分析方法包括时域分析和频域分析。时域分析关注回波信号的时间延迟、强度和波形，频域分析则通过傅里叶变换将信号转换为频谱图，从中提取频率信息。

（3）缺陷识别和评估

缺陷识别和评估通常基于回波信号的强度、时间延迟和波形等特征进行分析。下面是根据这些特征进行缺陷识别和评估的一般方法。

回波信号强度：缺陷通常会导致回波信号的强度发生变化。正常情况下，回波信号的强度较高且相对稳定。通过比较回波信号的强度与预设阈值或与相邻区域的强度，可以判断是否存在缺陷。较大的信号强度降低可能指示存在较大尺寸的缺陷。

回波信号时间延迟：不同缺陷的回波信号到达探测器的时间会有所差异。通过测量回波信号的时间延迟（或称为声程），可以定位缺陷所在的位置。如果回波信号的时间延迟较短，可能意味着缺陷位于探测器附近。

回波信号波形：不同类型的缺陷会导致回波信号波形发生变化。通过观察回波信号的波形特征，如振幅、周期、频率、幅度等，可以判断缺陷的类型和严重程度。异常的波形特征可能表明存在缺陷。

需要指出的是，准确的缺陷识别和评估需要结合多个特征进行综合分析。仅依靠单一特征可能无法准确判断缺陷。因此，一般会使用专门的算法和模型来处理回波信号，比较特征与预设标准或参考样本进行匹配和判断。

此外，不同的缺陷类型可能会表现出不同的特征，因此对于特定类型的缺陷，还需要建立相应的数据库和经验模型，以便于更精确地进行识别和评估。

总而言之，缺陷识别和评估是一个复杂的过程，需要结合回波信号的强度、时间延迟、波形等多个特征进行综合分析。在实际应用中，还需要借助专业知识和经验来提高缺陷识别和评估的准确性和可靠性。

2. H 型钢磁粉探测检测原理和方法

磁粉探测是 H 型钢常用的一种无损检测方法，用于检测其表面和近表面的缺陷，对于深层缺陷或体内缺陷的探测能力较弱。其基本原理是利用磁场漏磁现象和磁粉颗粒在缺陷处的沉积，可视化表露缺陷的位置和形状。

（1）原理

磁场漏磁现象：当 H 型钢中存在缺陷时，缺陷处会导致磁场发生漏磁现象。这是因为缺陷会改变磁场的路径和分布，使得磁力线发生偏转或集中，从而使磁场穿过缺陷处的通道发生变化。

磁粉沉积：磁粉是一种微细的磁性粉末，可以在磁场的作用下发生磁化，形成磁性颗粒。当磁粉接触到磁场漏磁处的缺陷时，会在缺陷表面形成磁粉线或磁粉斑，这种沉积现象可通过裸眼观察或辅助工具（如紫外灯）来检测和观察。

（2）方法

表面准备：在进行磁粉探测之前，需要对 H 型钢表面进行清洁处理，确保没有影响探测结果的杂质、氧化层或涂层等。

施加磁场：使用磁场发生器（如电磁铁、磁化设备等）在 H 型钢表面施加磁场。磁场的强度和方向根据需要进行调节，以确保磁粉探测的灵敏度和准确性。

撒布磁粉：将磁粉均匀地撒布在 H 型钢表面。磁粉可以是铁粉、铁氧体粉、荧光磁粉等，根据需要的磁粉类型和颜色选择合适的磁粉。

观察检查：在磁粉撒布后，通过裸眼观察或辅助工具（如紫外灯）检查磁粉的沉积情况。如果存在缺陷，磁粉会在缺陷区域形成明显的磁粉线或磁粉斑，帮助确定缺陷的位置和形状。

（3）缺陷评估

根据磁粉线或磁粉斑的形状、长度、密度等特征进行缺陷评估的方法会由于具体的应用和标准而有所差异。以下是一些常见的评估方法和特征的解释。

形状：磁粉线或磁粉斑的形状可以提供一些关于缺陷类型的线索。例如，线状缺陷通常呈直线或弯曲状，而表面裂纹可能呈尖角或分叉形状。对于更复杂的形状，可以使用图像处理技术进行进一步分析和比对。

长度：磁粉线或磁粉斑的长度可以提供有关缺陷的尺寸信息。通常使用测量工具（如刻度尺或图像处理软件）对磁粉线或磁粉斑的长度进行测量，并与标准进行比对。根据标准或经验，可以确定缺陷的严重程度和可接受性。

密度：磁粉线或磁粉斑的密度表示了磁粉在缺陷区域的沉积程度。较高的密度可能表明较大的缺陷或更严重的表面裂纹。密度的评估可以通过目视观察或使用图像处理技术进行，通常与标准或参考样品进行比对。

除了形状、长度和密度，还可以考虑其他特征，如磁粉线或磁粉斑的分布、连续性、颜色等。综合考虑这些特征，结合相关的标准或参考样品，可以对 H 型钢中的缺陷进行识别和评估。

需要注意的是，评估缺陷时应依据相关的标准、规范或经验，以确保评估结果的准确性和一致性。对于特定的应用领域，可能存在专门的评估方法和指南。因此，在实际应用中，应根据具体要求和相关的标准进行评估。

 任务实施

请利用超声波探测设备、磁粉探测设备对 H 型钢进行质量检测，并根根检测结果思考相应的处理措施。

 学习小结

（1）H 型钢的超声波检测是一种基于声学原理的无损检测方法，通过发射超声波并接收回波信号来评估材料内部的缺陷情况。通常基于回波信号的强度、时间延迟和波形等特征进行缺陷识别和评估，不同的缺陷类型可能会表现出不同的特征。

（2）磁粉探测是用于检测 H 型钢表面和近表面缺陷的无损检测方法，对于深层缺陷或体内缺陷的探测能力较弱。根据磁粉线或磁粉斑的形状、长度、密度等特征可进行缺陷评估，其他如磁粉线或磁粉斑的分布、连续性、颜色等特征也可用于 H 型钢的缺陷识别和评估。

知识拓展

（1）智能制造概念与原理

深入了解智能制造的概念、原理和关键技术，包括物联网、大数据、人工智能等，探索如何将这些技术应用于 H 型钢的生产过程中，提高生产效率和产品质量。

码 3-1-1
项目 3.1 知识拓展

（2）机器视觉技术

学习机器视觉技术的基本原理和应用方法，了解如何使用机器视觉系统对 H 型钢进行检测、识别和测量，实现自动化的质量控制和缺陷检测。

（3）数据分析与优化

学习数据分析和优化方法，应用统计学和优化算法对 H 型钢生产过程中的数据进行分析和优化，以提高生产效率、资源利用率和产品质量。

（4）智能控制系统

研究智能控制系统的设计与应用，包括 PID 控制、模糊控制、神经网络控制等方法，实现对 H 型钢生产过程的智能化控制和优化。

（5）智能仓储与物流管理

研究智能仓储和物流管理技术在 H 型钢生产中的应用，包括自动化仓储系统、智能物流调度等，优化物料的存储和流动，提高供应链效率和响应速度。

（6）人机协作与人工智能

了解人机协作技术和人工智能在 H 型钢生产中的应用，研究如何实现机器人与工人的协同工作，提高生产灵活性和人机效率。

习题与思考

一、填空题

1. H 型钢是一种具有＿＿＿＿截面形状的结构钢材。

2. H 型钢智能组装模块中常用的传感器包括＿＿＿＿、＿＿＿＿、＿＿＿＿、＿＿＿＿等。

3. H 型钢的智能质量检测中，回波信号的强度、时间延迟和波形等特征

码 3-1-2
项目 3.1 习题与
思考参考答案

可用于判断内部缺陷的_____、_____、_____。

4. H 型钢的智能质量检测中，磁粉探测是通过施加磁场并观察磁粉线或_____来检测表面缺陷。

5. H 型钢的智能质量检测主要关注：_____、_____、_____、_____和焊缝质量等方面。

二、简答题

1. 在 H 型钢的生产过程中，数字化和智能化技术的应用主要体现在哪些方向？
2. 简述 H 型钢超声波检测的原理。
3. 阐述如何根据磁粉线或磁粉斑的特征判断缺陷。

三、讨论题

1. 探讨智能化质量检测在 H 型钢生产中的重要性，并讨论如何提高质量检测的准确性和效率。
2. 讨论智能化生产对 H 型钢行业的影响趋势和发展前景。
3. 将 H 型钢质量控制中的智能化技术应用，与传统的质量控制方法进行比较，并评估其优势和局限性。

项目 3.2 箱型柱部品部件的工业化智能生产

教学目标

一、知识目标

1. 了解箱型柱部品部件的结构、功能和应用领域；

2. 熟悉箱型柱部品部件的生产工艺流程和生产设备；

3. 掌握箱型柱部品部件智能化生产的相关技术和概念。

二、能力目标

1. 能够进行箱型柱折弯和成型操作，确保部件的形状和尺寸准确性；

2. 熟练掌握智能化焊接工艺，实现高质量的焊接连接；

3. 熟悉涂装和防腐处理的基本原理和工艺要求。

三、素养目标

1. 培养工作中的安全意识和质量意识，注重操作规范和质量控制；

2. 提升团队合作能力，能够与他人协作，共同完成箱型柱部品部件的生产任务；

3. 培养持续学习的习惯和能力，跟随技术发展并不断更新知识和技能。

学习任务

了解箱型柱部品部件的工业化智能生产流程以及生产过程中所需的知识点和技能点。

建议学时

6 学时

思维导图

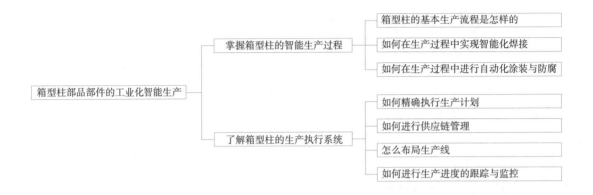

箱型柱部品部件的工业化智能生产
- 掌握箱型柱的智能生产过程
  - 箱型柱的基本生产流程是怎样的
  - 如何在生产过程中实现智能化焊接
  - 如何在生产过程中进行自动化涂装与防腐
- 了解箱型柱的生产执行系统
  - 如何精确执行生产计划
  - 如何进行供应链管理
  - 怎么布局生产线
  - 如何进行生产进度的跟踪与监控

任务 3.2.1 箱型柱生产工艺流程

 任务引入

　　钢结构在现代建筑和工程领域中扮演着重要的角色。它以高强度、耐久性和灵活性等优点，成为许多建筑和结构项目的首选材料。在众多的钢结构构件中，箱型柱以其独特的设计和结构，广泛应用于框架结构、工业厂房、大跨度建筑等。

　　箱型柱是一种矩形截面的构件，由横梁、立柱和隔板等组成，如图 3-2-1 所示。

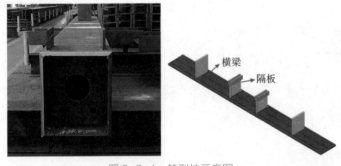

图 3-2-1 箱型柱示意图

　　横梁是箱型柱的上下边界，负责承载和传递上部荷载至立柱，通常采用横向延伸的钢构件，可以是梁型或板型。横梁的形状和尺寸会根据箱型柱的设计要求而变化，可以是矩形、方形、圆形等不同截面形状。立柱是箱型柱的左右边界，起支撑和承载作用，通常是垂直于横梁的钢构件，具有较大的高度和相对较小的横向尺寸。立柱是箱型柱的垂直支撑部分，起到承载重量和提供结构稳定性的作用；隔板位于箱型柱内部，用于加强结构刚度、防止变形和分隔内部空间，常沿着横梁和立柱之间的垂直方向设置，将箱型柱分割成多个小的腔室。横梁、立柱和隔板的具体尺寸、厚度和连接方式会根据具体的结构设计要求进行确定。它们共同组成了箱型柱的基本结构，提供了承载力和稳定性，以适应各种工程项目的需求。

钢结构箱型柱可以根据不同的分类标准进行分类。如根据箱型柱的横截面形状可分为矩形箱型柱、方形箱型柱、圆形箱型柱等；根据箱型柱的结构形式可分为单层箱型柱、多层箱型柱、开口箱型柱和封闭箱型柱等；根据箱型柱的应用领域可分为建筑领域中的建筑结构箱型柱、工业领域中的储存箱型柱和桥梁领域中的桥梁支撑箱型柱等。

这些分类标准可以根据具体的需求和应用场景进行灵活组合和调整，以满足不同项目的要求。同时，钢结构箱型柱的分类还可以根据其他特定因素进一步细分和区分。

知识与技能

1. 箱型柱的基本生产流程

箱型柱生产工艺流程如图 3-2-2 所示。

箱型柱的生产工艺流程中，工业化和智能化体现在数字化设计和计划、数控设备的应用、智能化检测和控制系统、数据管理和分析以及远程监控和控制等方面。这些技术和手段使得生产过程更加高效、精确和可控，提高了生产效率和产品质量。

箱型柱的智能生产流程可以包括以下几个步骤：

（1）设计和规划：利用计算机辅助设计（CAD）软件对箱型柱进行设计和规划，确定几何形状、尺寸和材料要求。

（2）材料准备：根据设计要求，自动化仓储系统或机器人装载并供应所需的钢材、焊材和其他辅助材料。

（3）数字化切割：利用数控切割机、激光切割机或等离子切割机等设备，根据设计图纸自动进行切割，实现高精度和高效率。

（4）箱型柱折弯和成型：采用数控折弯机和冲床等设备，将切割好的钢板进行折弯和成型，形成箱型柱的基本结构。

（5）智能化焊接：利用焊接机器人或自动化焊接设备，对箱型柱进行焊接，确保焊缝的质量和稳定性。

（6）自动化连接：通过自动化连接技术，如螺栓连接或焊接连接，将箱型柱与其他结构件或构件进行连接，形成整体结构。

（7）精确矫正和调整：采用自动化矫正设备，对箱型柱进行精确矫正和调整，以保证尺寸和几何形状的精度。

（8）端面加工和钻孔自动化：利用数控机床和自动化钻孔设备，对箱型柱的端面进行加工和钻孔，以便于连接和安装。

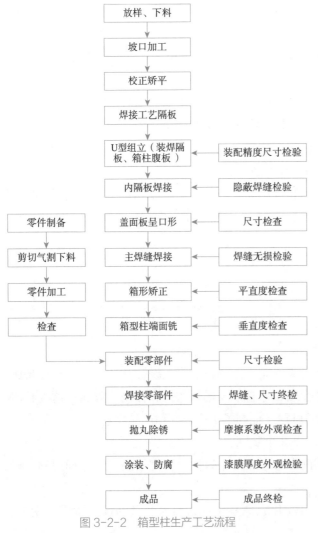

图 3-2-2　箱型柱生产工艺流程

（9）涂装和防腐处理：采用自动化涂装线和防腐处理设备，对箱型柱进行涂装和防腐处理，提高其耐久性和美观性。

（10）智能质量检测与控制：应用智能检测设备和传感器，对箱型柱进行质量检测和控制，包括尺寸、焊缝、涂层等方面的检测。

以上流程中的每个步骤都可以通过自动化设备、机器人和智能化控制系统实现，提高生产效率、质量和一致性，并减少人力成本和人为错误的风险。

2. 智能化焊接工艺

钢结构箱型柱的智能化焊接工艺包括以下关键步骤和技术：

（1）焊接路径规划：利用 3D 模型或 CAD 图纸数据，借助计算机辅助设计软件，进行焊接路径规划。通过智能算法和优化算法，确定最佳的焊接路径，以确保焊接质量和效率。

（2）视觉引导系统：利用视觉传感器和相机等设备，实时捕捉焊缝的位置和形状。通过图像处理技术和机器视觉算法，引导焊接机器人或焊接头的运动，确保焊接路径的准确性和一致性。

（3）焊接参数控制：通过智能控制系统，实时监测焊接过程中的电流、电压、速度等焊接参数。根据预设的焊接规范和要求，自动调整焊接参数，以达到最佳的焊接质量和效率。

（4）焊接机器人技术：采用焊接机器人进行焊接操作，其具备多轴自由度和高精度的运动能力。通过编程和路径规划，实现自动化的焊接操作，提高生产效率和一致性。

（5）实时监测与反馈：利用传感器技术，实时监测焊接过程中的温度、变形、焊缝形状等参数。通过数据分析和反馈控制，实现对焊接质量的实时监控和调整，确保焊接质量的稳定性和一致性。

（6）远程监控与控制：借助互联网和远程监控系统，对焊接过程进行远程监控和控制。操作人员可以通过远程终端设备，实时查看焊接状态、参数和数据，并进行远程调整和优化。

（7）数据分析与智能优化：采集和存储焊接过程中的大量数据，并应用数据分析和人工智能技术，进行焊接质量的评估和优化。通过建立模型和算法，预测潜在的焊接问题，并提供优化建议，以提高焊接质量和效率。

在工业化智能生产中，自动化焊接设备扮演着重要的角色。自动化焊接设备根据不同的焊接方法和应用需求，可以分为多种类型。以下是常见的几种自动化焊接设备：

（1）焊接机器人：焊接机器人是最常见和广泛应用的自动化焊接设备。它具有多轴自由度和高精度的操作能力，可在三维空间内完成焊接任务。焊接机器人可以根据预设的程序进行焊接作业，具有较高的灵活性和适应性。

（2）自动焊接机：自动焊接机是一种专门设计用于焊接的自动化设备。它通常由焊接头、焊接电源和焊接控制系统等组成，可以自动完成焊接过程。自动焊接机的焊接方式可以根据具体要求选择，如气体保护焊、电弧焊、激光焊等。

（3）焊接工作站：焊接工作站是一种集成化的自动化焊接设备，通常包括焊接机器人、焊接设备、焊接工作台和控制系统等。焊接工作站可根据生产需求进行定制，可以实现多种焊接工艺和焊接方法。

（4）焊接车间生产线：焊接车间生产线是针对大规模生产的需求设计的自动化焊接设备。其通常包括多个焊接工作站和传送系统，可以实现连续的焊接作业。焊接车间生产线能够提高生产效率，并且可以集成其他自动化设备，如自动送料系统、自动检测系统等。

（5）特定焊接设备：除了上述常见的自动化焊接设备，还有一些针对特定焊接需求的设备，如搅拌摩擦焊机、电阻焊机、激光焊接机等。这些设备根据具体的焊接方法和应用领域进行设计和定制，能够满足特定的焊接要求。

在进行焊接工作时，遵守适用的标准是确保焊接质量、安全和可靠性的重要条件。表 3-2-1 是一些常见的焊接标准。

这些标准涵盖了焊接工艺、资格认证、焊接质量要求、检验方法等方面。根据具体的应用领域和国家 / 地区的要求，还可能存在其他相关的焊接标准和规范。

在智能化焊接中，需要根据具体应用的需求选择适合的焊接材料，以下是一些关于智能化焊接材料选择的考虑因素：

（1）材料强度和应用要求：根据焊接件所处的应力环境和负荷要求，选择具有足够强度和韧性的焊接材料。常见的焊接材料包括低合金钢、不锈钢、铝合金等。

（2）化学成分和机械性能：焊接材料应满足相关的化学成分要求和机械性能标准。这些标准通常由国家、行业或制造商提供，包括抗拉强度、屈服强度、延伸率等指标。

（3）可焊性：材料的可焊性对于智能化焊接非常重要。在选择材料时，优先考虑易于焊接和加工的材料，这对于确保焊接过程的稳定性和可靠性至关重要，这样的材料通常具有较低的碳含量和其他合金元素。此外，良好的热传导性也是这些材料的显著特点，它有助于在焊接过程中均匀分布热量，从而减少热应力和变形。

常见的焊接标准   表 3-2-1

分类	名称	编号
国家标准	钢结构工程施工质量验收标准	GB 50205—2020
	低合金高强度结构钢	GB/T 1591—2018
	焊缝无损检测 超声检测 技术、检测等级和评定	GB/T 11345—2023
	涂覆涂料前钢材表面处理 表面清洁度的目视评定 第 3 部分：焊缝、边缘和其他区域的表面缺陷的处理等级	GB/T 8923.3—2009
	厚度方向性能钢板	GB/T 5313—2023
	钢结构焊接规范	GB 50661—2011
国际标准	焊接质量控制标准体系认证	ISO 3834
欧洲标准	钢结构 CE 认证	EN 1090
美国标准	钢结构焊接规范	AWS D1.1/DI.IM：2020

（4）耐腐蚀性：根据焊接件的使用环境和要求，选择具有良好耐腐蚀性能的材料。例如，在潮湿或腐蚀性环境中使用的焊接件可能需要选择不锈钢或耐腐蚀合金材料。

（5）兼容性：选择与基材相容性良好的焊接材料，以确保焊接接头的强度和一致性。兼容性是指焊接材料和基材之间的化学和物理性质相近，可以实现良好的焊接连接。

（6）标准规范：遵循相关的国家、行业和制造商的标准规范，选择符合要求的焊接材料。这些规范中有化学成分、机械性能、可焊性和耐腐蚀性等方面的要求。

3. 自动化涂装与防腐

钢结构箱型柱作为一种重要的结构部件，在现代建筑和工业领域中扮演着重要角色。然而，由于钢材的特性以及外部环境的影响，钢结构箱型柱容易受到腐蚀和氧化的影响，从而降低了其使用寿命和结构的稳定性。

为了保护钢结构箱型柱免受腐蚀和氧化的侵害，提高其耐久性和维护效率，自动化涂装与防腐工艺应运而生。这些先进的工艺技术能够实现涂料的均匀涂布和防腐涂层的有效保护，从而延长钢结构箱型柱的使用寿命并降低维护成本。

（1）自动化涂装工艺

表面处理：在涂装前，必须对箱型柱表面进行适当的处理，如除锈、除油、清洗等。这可以通过喷砂、喷丸、化学处理等方法实现，以确保表面的清洁度和粗糙度符合涂装要求。

涂装材料选择：适合钢结构箱型柱的涂料材料，通常是具有良好的附着力、耐腐蚀性和耐候性的涂料。根据实际使用环境和需求，可以选择底漆、中间涂层和面漆，以提供保护和美观效果。

涂装设备选择：自动化涂装过程通常采用喷涂设备，如喷枪、喷涂机器人等。这些设备能够精确控制涂料的喷射压力、喷射角度和喷射距离，以实现均匀的涂布和高效的涂装。

涂装过程控制：自动化涂装过程中，需要进行精确的过程控制，包括涂料的喷涂厚度、涂布速度、涂布角度等。这些参数的控制可以通过自动化控制系统实现，以确保涂层质量的一致性和符合要求。

（2）防腐工艺

防腐涂料选择：选择适合防腐的涂料材料，如防腐底漆、防腐中间涂层和防腐面漆。这些涂料应具有良好的防腐性能，能够阻隔氧气和湿气侵入，防止钢结构箱型柱的腐蚀。

防腐涂料施工：涂料的施工应按照相关的施工规范进行，包括涂布厚度、涂布方法、涂布间隔等。确保涂料能够均匀、完整地覆盖整个箱型柱表面，并形成一个有效的防护层。

防腐涂层检测：对已施工的防腐涂层进行定期检测和评估，以确保其防护性能。常见的检测方法包括涂层厚度测量、附着力测试和盐雾试验等，以验证涂层的质量和耐久性。

任务实施

请探索更先进的智能化技术和工艺创新，推动箱型柱生产工艺持续改进和发展。

学习小结

（1）箱型柱的智能生产流程包含设计和规划、材料准备、数字化切割、箱型柱折弯和成型、智能化焊接、自动化连接、精确矫正和调整、端面加工和钻孔自动化、涂装和防腐处理、智能质量检测与控制等内容。

（2）钢结构箱型柱的智能化焊接工艺包含焊接路径规划、视觉引导系统、焊接参数控制、焊接机器人技术、实时监测与反馈、远程监控与控制、数据分析与智能优化等步骤和技术。

（3）自动化涂装与防腐工艺能保护钢结构箱型柱免受腐蚀和氧化侵害，提高其耐久性和维护效率。自动化涂装工艺包括表面处理、涂装材料和设备选择、涂装过程控制等；防腐工艺包括防腐涂料选择、防腐涂料施工、防腐涂层检测等。

任务 3.2.2 箱型柱的生产执行系统

 任务引入

随着工业化和智能化的发展，生产企业对生产过程的控制和管理要求越来越高。在箱型柱生产过程中需要进行精细化管理和优化，为了满足这一需求，箱型柱的生产执行系统（MES）应运而生。箱型柱的生产执行系统是一种信息化的管理系统，它在生产计划系统（ERP）和现场控制系统（SCADA）之间起着桥梁和纽带的作用。它通过集成和协调各个生产环节的数据和信息，实现生产计划的执行和监控，从而提高生产效率、质量和可追溯性。

在引入箱型柱的生产执行系统之前，我们首先需要了解箱型柱的生产过程和现有的生产管理方法。传统的生产管理方法主要依靠人工操作和手动记录，存在生产数据不准确、信息传递不及时、生产计划执行不稳定等问题。而引入生产执行系统，则可以通过信息化技术和智能化设备的应用，实现生产过程的自动化、标准化和可视化管理。

箱型柱的生产执行系统通常包括计划调度、工艺管理、进度追踪、质量管理、物料管理、设备管理、运行监控和数据分析等模块。计划调度模块负责根据生产计划生成生产任务，并进行调度和优化，确保生产按时进行。工艺管理模块管理箱型柱的工艺流程，包括焊接、涂装、装配等环节的工艺参数设定和控制。进度追踪模块实时监控生产进度，记录生产数据，提供实时报警和处理措施。质量管理模块记录和管理质量数据，支持质量分析和追溯。物料管理模块负责物料的入库、出库和库存管理，确保生产所需物料的供应和调配。设备管理模块监控设备状态，安排维护计划和故障报警。运行监控模块监测生产过程的关键参数和指标，预警异常情况。数据分析模块对生产数据进行分析和统计，提供生产报表和指标分析。

通过引入箱型柱的生产执行系统，可以实现对生产过程的实时监测和控制，提高生产效率、质量和可追溯性。生产企业可以通过该系统实现信息化、智能化的管理，优化资源配置和生产调度，提升竞争力和市场响应能力。

知识与技能

1. 生产计划与调度

生产计划与调度是指在制造业中，根据市场需求和生产资源情况，制订合理的生产计划，并通过调度的方式将计划转化为具体的生产任务，以实现生产过程的协调和优化。以下是一些生产计划与调度的原理：

（1）市场需求分析：生产计划与调度的第一步是对市场需求进行分析和预测。通过市场调研、订单量和销售数据分析等方法，了解产品需求的趋势和变化，以确定生产计划的规模和时间安排。

（2）生产资源评估：评估生产资源的可用性和能力，包括设备、人力和原材料等。了解资源的容量和利用率，以确保生产计划的可行性和合理性。

（3）生产能力匹配：根据市场需求和生产资源情况，将生产计划与生产能力进行匹配。考虑到设备的产能、工人的工作时间和效率等因素，制订合理的生产计划，确保能够按时交付产品。

（4）生产任务分解：将整体的生产计划分解为具体的生产任务，包括工序、工时、物料需求等。根据产品的生产流程和工序之间的依赖关系，合理分配和安排生产任务，确保生产过程的连贯性和顺序性。

（5）调度优化：通过合理的调度方法和算法，优化生产任务的安排顺序，以最大程度地提高生产效率和资源利用率。考虑到生产设备的运行效率、工序之间的等待时间和物料的供应等因素，进行调度的优化和平衡。

（6）实时监测与调整：在生产过程中，通过实时监测生产数据和指标，及时发现生产中的问题和延误。根据实际情况，及时调整生产计划和任务的优先级，以确保生产进度的实施。

（7）沟通与协调：生产计划与调度涉及多个部门和团队之间的协作和沟通。良好的沟通和协调能力能够促进信息的流通和资源的协调，确保生产计划的执行和达成。

2. 供应链管理

供应链管理是指对整个供应链网络中的物流、生产、采购、销售等环节进行协调和优化的管理方法和理念。其目标是实现供应链中各个环节之间的高效协同，从而提高整体供应链的运作效率、降低成本，实现可持续发展和长期增长，同时满足客户需求并提高企业竞争力。

（1）供应链整合：将供应链中的各个环节进行整合和协调，形成一个统一的整体。通过信息流、物流和资金流的畅通，实现供应链中各个参与方之间的协同合作，提高整体效能。

（2）需求管理：准确预测和管理市场需求，以确保供应链中的产品和服务能够及时满足客户需求。通过市场调研、需求预测和订单管理等方法，进行需求规划和管理。

（3）库存管理：通过合理的库存控制和管理，确保供应链中的库存水平能够满足需求，同时避免过高的库存成本。采用先进的库存管理技术，如 Just-In-Time（JIT）等，实现库存的最优化。

（4）供应商管理：与供应链中的供应商建立紧密的合作关系，通过供应商评估、选择和合同管理等方法，确保供应商能够按时提供高质量的产品和服务，以保证供应链的稳定性。

（5）物流管理：对供应链中的物流活动进行规划和管理，包括运输、仓储和配送等环节。通过优化物流网络、合理安排运输路线和提高物流效率，实现物流成本的降低和服务质量的提升。

（6）运营计划和调度：制订全面的运营计划，包括生产计划、采购计划和销售计划等。通过合理的调度和协调，确保各个环节之间的协同作业，以提高生产效率和资源利用率。

（7）信息技术支持：借助信息技术工具和系统，实现供应链中各个环节之间的信息共享和协同。其包括供应链管理系统、物流管理系统、企业资源计划系统等，以提高信息的准确性和时效性。

（8）连续改进和优化：持续改进供应链管理的方法和流程，通过不断优化和创新，提高供应链的灵活性和适应性。采用诸如六西格玛、精益生产等质量管理方法，推动供应链的持续改进。

3. 生产线布局的原则和方法

箱型柱生产线在具体的布局设计过程中，可以采用工艺流程分析、价值流映射、物料流分析和人工工作分析等方法，结合生产需求和实际条件，进行综合考虑和优化设计。以下是箱型柱生产线布局的一些原则和方法：

（1）流程优化原则：将生产线按照产品的生产流程进行布局，确保生产过程中的物料、信息和人员流动顺畅，减少不必要的运输和等待时间。

（2）空间利用原则：合理利用生产场地，优化布局设计，使生产设备、工作站和物料存储区域之间的距离最小化，提高物料和人员的运输效率。

（3）安全与人性化原则：在设计中考虑安全和人性化因素，确保工作人员在生产过程中的安全和舒适。合理设置紧急出口、防护设备和工作站的高度调整，减少人员劳动强度。

（4）灵活性与可扩展性原则：考虑未来生产需求的变化，设计灵活性和可扩展性的生产线布局。可以采用模块化设计，使生产线可以根据需要进行调整和扩展。

（5）物料流动优化原则：设计合理的物料流动路径，减少物料的搬运和储存，提高物料供应的效率。采用物料传送带、输送线和自动化物料处理设备等，实现物料的自动化流动。

（6）人员与设备协同原则：合理安排工作站和设备的位置，使操作人员能够方便地接触到所需的工具和设备，提高工作效率和人员的工作满意度。

（7）能源和环境考虑原则：在生产线布局设计中考虑节能和环保因素，合理配置设备和工作区域，减少能源的消耗和环境污染。

（8）数据化管理原则：引入信息化管理系统，实现生产线的数据化监控和管理，通过数据分析和优化，提高生产效率和质量控制水平。

4. 生产进度跟踪与监控

生产进度跟踪与监控是确保生产计划按时完成的关键环节。以下是一些常用的方法和工具：

（1）Gantt 图：使用 Gantt 图来跟踪和监控生产进度。Gantt 图是一种时间管理工具，横轴表示时间，纵轴表示任务，可以清晰地展示每个任务的开始时间、结束时间和持续时间。通过更新 Gantt 图，可以及时了解任务的完成情况和进度延迟。

（2）生产进度表：制定生产进度表，记录每个任务的计划开始时间、计划结束时间和实际完成时间。定期更新生产进度表，并与实际情况进行对比，及时发现延迟或提前的任务，并采取相应的措施进行调整。

（3）生产报表和指标：根据生产需求，制定相应的生产报表和指标，包括生产产量、良品率、生产效率等。通过定期收集和分析这些数据，可以对生产进度进行跟踪和监控，并及时采取措施解决问题。

（4）生产会议和沟通：定期组织生产会议，与相关部门和人员进行沟通和协调，了解生产进度的情况，解决存在的问题，提出改进措施。及时沟通和协调可以加强团队合作，保证生产进度的顺利推进。

（5）跨部门协作：生产进度的跟踪和监控需要各个部门之间的协作和配合。建立跨部门的沟通机制，确保各个环节的协调和配合，避免因为一个环节的延迟而影响整体生产进度。

在具体实施过程中还可以利用智能化技术和数据分析方法来实现对生产进度的实时监控和精确跟踪。

（1）物联网（IoT）技术：通过将传感器和设备与生产线连接，实时监测和收集生产过程中的数据，包括设备状态、生产参数、能耗等。这些数据可以通过物联网平台进行集中管理和分析，实现对生产进度的实时监控。

（2）人工智能（AI）和机器学习（ML）：利用 AI 和 ML 技术对生产数据进行分析和预测。通过对历史数据的学习和模型训练，可以预测生产进度、识别潜在的问题，并提供相应的建议和优化方案。

（3）数据可视化：将生产数据通过可视化的方式展示，例如仪表盘、实时监控界面等，使管理人员可以直观地了解生产进度和关键指标。同时，通过数据可视化也可以发现异常情况和瓶颈，及时采取措施进行调整。

（4）实时报警和提醒系统：设置实时报警和提醒系统，当生产进度超出预设范围或发生异常时，系统会自动发送警报通知相关人员，以便及时处理和调整生产计划。

（5）自动化调度和优化：利用智能化算法和规划工具对生产进程进行自动化调度和优化。根据生产需求、设备状态和资源利用情况等因素，实现最优化的生产计划安排，提高生产效率和资源利用率。

（6）无线通信和移动应用：通过无线通信技术和移动应用，实现对生产进度的远程监控和管理。管理人员可以通过移动设备随时随地查看生产进度、接收报警信息，并进行实时反馈和决策。

（7）数据分析和预测模型：利用大数据分析和预测模型，对生产数据进行深入分析和挖掘。通过建立预测模型，可以预测生产进度、资源需求等，为决策提供科学依据。

 任务实施

请在箱型柱的生产过程中，设计一个智能化监控与调度模块，以实现对生产进度的实时监控和精确调度。

 学习小结

（1）生产计划与调度需做好市场需求分析、生产资源评估、生产能力匹配、生产任务分解、调度优化、实时监测与调整、沟通与协调等工作。

（2）供应链管理是指对整个供应链网络中的物流、生产、采购、销售等环节进行协调和优化，包括供应链整合、需求管理、库存管理、供应商管理、物流管理、运营计划和调度、信息技术支持、连续改进和优化等内容。

（3）箱型柱生产线布局的原则有流程优化原则、空间利用原则、安全与人性化原则、灵活性与可扩展性原则、物料流动优化原则、人员与设备协同原则、能源和环境考虑原则、数据化管理原则。

（4）生产进度跟踪与监控常用方法有 Gantt 图、生产进度表、生产报表和指标、生产会议和沟通、跨部门协作等。

知识拓展

（1）智能制造与工业互联网

研究智能制造与工业互联网的发展趋势和应用案例，了解工业互联网平台的概念和功能，学习如何利用工业互联网平台实现箱型柱生产过程的数据集成、协同和优化。

码 3-2-1
项目 3.2 知识拓展

（2）虚拟仿真与数字孪生技术

了解虚拟仿真与数字孪生技术在箱型柱生产中的应用，学习如何利用虚拟仿真和数字孪生模型进行工艺优化、故障诊断和预测，提高生产过程的效率和可靠性。

（3）过程优化与精益生产

学习过程优化与精益生产的理念和方法，了解如何通过价值流分析、流程改进、瓶颈分析等手段优化箱型柱生产过程，实现资源的最大化利用和生产效率的提升。

（4）系统集成与工厂自动化

研究系统集成和工厂自动化的原理和方法，学习如何将各个生产环节和设备进行整合和自动化，实现生产过程的高效协同和自动化控制。

（5）远程监控与管理

了解远程监控与管理技术在箱型柱生产中的应用，包括远程监控系统、云平台等，实现对生产过程的远程监控、故障诊断和预测维护，提高生产过程的稳定性和可靠性。

习题与思考

一、填空题

1. 箱型柱的组成主要包括_____、立柱和隔板。

2. 钢结构箱型柱的生产工艺流程中，工业化和智能化体现在_____、_____、_____、数据管理和分析以及远程监控和控制等方面。

码 3-2-2
项目 3.2 习题与
思考参考答案

3. 箱型柱的生产执行系统通常包括_____、_____、_____、_____、_____、设备管理、运行监控和数据分析等模块。

4. 自动化焊接设备根据不同的焊接方法和应用需求，可以分为多种类型，常见的自动化焊接设备有_____、_____、_____、_____和特定焊接设备。

5. 智能化焊接材料选择的考虑因素包括材料强度和应用要求、化学成分和机械性能、可焊性、_____、_____和标准规范。

二、简答题

1. 简要介绍箱型柱的结构特点。

2. 箱型柱生产线布局应遵循哪些原则？

3. 钢结构箱型柱的智能化焊接工艺包括哪些关键步骤和技术？

三、讨论题

1. 智能化焊接工艺在箱型柱行业中的应用和未来发展趋势。

2. 箱型柱自动化焊接设备的选型和配置要点，以及与传统手工焊接的比较。

3. 箱型柱行业在智能化生产方面的现状和未来发展方向。

铝合金部品部件工业化智能生产

项目 4.1 铝合金幕墙系统的工业化智能生产

教学目标

一、知识目标

1. 掌握构件式铝合金幕墙系统的智能生产的要求；
2. 掌握单元式铝合金幕墙系统的智能生产的要求。

二、能力目标

1. 能够完成单元式铝合金幕墙系统的智能生产；
2. 能够完成构件式铝合金幕墙系统的智能生产。

三、素养目标

1. 培养学生工匠精神和认真负责的工作态度；
2. 培养学生的质量意识和精益求精的品质。

学习任务

掌握构件式和单元式铝合金幕墙系统工业化智能生产的基本流程，加工、组装、调试、检验、包装和入库过程中的要求等。

建议学时

8 学时

思维导图

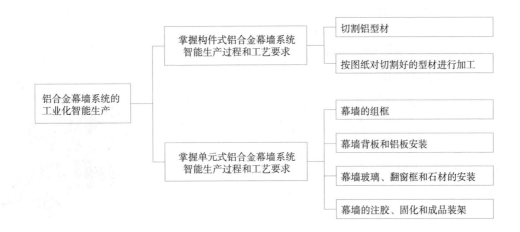

掌握构件式铝合金幕墙系统智能生产过程和工艺要求
— 切割铝型材
— 按图纸对切割好的型材进行加工

铝合金幕墙系统的工业化智能生产

掌握单元式铝合金幕墙系统智能生产过程和工艺要求
— 幕墙的组框
— 幕墙背板和铝板安装
— 幕墙玻璃、翻窗框和石材的安装
— 幕墙的注胶、固化和成品装架

任务 4.1.1　构件式铝合金幕墙系统的智能生产

 任务引入

　　铝合金幕墙系统质感独特，色泽丰富、持久，而且外观形状可以多样化，并能与玻璃幕墙材料、石材幕墙材料完美地结合。其完美外观，优良品质，使其倍受业主青睐，其自重轻，仅为大理石的五分之一，为玻璃幕墙的三分之一，大幅度减少了建筑结构和基础的负荷，而且维护成本低，性价比高。

　　构件式铝合金幕墙系统是将在工厂制作的元件和玻璃板块，运往施工现场，依次安装立柱、横梁、玻璃板块的幕墙形式。

　　构件式铝合金幕墙系统的优点有：

　　（1）设计、管理、计算上均简单容易，能承受较大的安装误差。

　　（2）部品部件小，在工地上容易存放。

　　（3）因为设计的构造简单，前期不需要很长的准备时间。

　　构件式铝合金幕墙的缺点有：

　　（1）幕墙的安装周期较长。

　　（2）因为要借助脚手架或吊篮，容易产生一定的误差。

　　（3）由于受工地各种条件的影响，很难保证工期。

　　构件式铝合金幕墙系统的生产主要包括铝型材的切割、加工，铝合金门窗加工等内容，其中铝合金门窗的加工在项目 4.2 中进行详细介绍，本任务主要介绍铝型材的切割与加工。

知识与技能

1. 铝型材的切割

铝型材的切割主要采用砂轮切割机完成。

（1）砂轮切割机的操作规程

砂轮切割机，又叫砂轮锯，主要由基座、砂轮、电动机或其他动力源、托架、防护罩和给水器等组成，如图 4-1-1 所示。砂轮切割机的操作规程为：

1）工作前必须配带劳动保护用品，检查设备是否有合格的接地线。

2）要检查砂轮切割机是否完好，砂轮片是否有裂纹缺陷，禁止不合格的砂轮片。

图 4-1-1　砂轮切割机

3）切料时不可用力过猛或突然撞击，遇到异常情况要立即关闭电源。

4）被切割的料要用台钳夹紧，不准一人扶料一人切料，并且在切料时人必须站在砂轮片的侧面。

5）更换砂轮片时，要待设备停稳后再进行，对砂轮片进行检查确认。

6）操作中，机架上不准存放工具和其他物品。

7）砂轮切割机应放在平稳的地面上，应远离易燃物品，电源线应接漏电保护装置。

8）砂轮切割片应按要求安装，试启动运转应平稳，方可开始工作。

9）卡紧装置应安全可靠，以防工件松动出现意外。

10）切割时操作人员应均匀切割并避开切割片正面，防止因操作不当切割片打碎发生事故。

11）工作完毕应擦拭砂轮切割机表面灰尘和清理工作场所，露天存放时应有防雨措施。

（2）铝型材的切割

机械使用前应检查各部件工作是否正常，打开电、气源开关，然后打上接电开关让机械做复位后即可按订单要求准备断料，断料时注意保护铝材装饰面。

第一支料必须经过首检合格签字，尺寸误差不超过规定公差（批量生产中按 5%~10% 的比例抽检），根据优化后的工艺单可批量下料。断料后的半成品应堆放整齐，标明工程名称、图号及规格、数量，以便下道工序的使用，如图 4-1-2 所示。

断料过程中如有人为因素导致铝料报废，应及时上报部门负责人，以便及时补料。注意断料机的保养，断料机在工作时确保锯片处于良好的冷却状态。工作台面必须保持干净，避免断料时的铝屑与铝材摩擦，造成伤痕及影响断料精度。

（3）铝型材切割的质量保证

质检员应对下料过程进行跟踪，检查半成品是否按要求生产，如检查出有质量不合格产品，则填写不合格品处置单，并上报车间技术员。认真阅读图纸及优化单，掌握其要求，如有疑问，应及时向管理人员提出。检查材料，其形状及尺寸应与图纸相符，表面缺陷不超过标准要求。放置材料并调整锯片，要求锯片位置适当，夹紧力度适中。材料不能有翻动，放置方向符合要求。每一批

图 4-1-2　断料后的半成品

图纸，第一支料切割时应预留 10~20mm 的余量，检查切割质量及尺寸精度，调整机器达到要求后才能进行批量生产。

每次移动锯片后进行切割时，须对首件产品进行检测，产品须符合以下质量要求：

1）擦伤、划伤深度不大于氧化膜厚度的 2 倍；擦伤总面积不大于 500mm^2；擦伤和划伤数不超过 4 处。

2）长度尺寸允许偏差：立柱：±1.0mm；横梁：±0.5mm，角度：±15°。

3）截料端不应有明显加工变形，毛刺不大于 0.2mm。

产品首件检查合格后，方可进行批量生产。对于批量生产的，末件也必须进行检验。产品自检后，如果不合格应进行分析，如机器或操作方面的问题，应及时调整或向管理人员反映。对不合格的产品应及时返修，不能返修时应及时向领导汇报。产品自检后，必须认真填写工序交接报工单。完成后的材料，必须清理掉所有的铝削，毛刺刮干净后才可以转到下一工序，同步填报 ERP 系统。

2. 铝型材的加工

到断料组领所需的材料，如实填写工序交接报工单。检查材料的尺寸、数量是否准确，如发现有错料、缺料、无料的现象，马上通知铝材断料组或机加工组进行核查，并且及时上报车间技术员做相应的处理。

材料搬运进出，应注意保护装饰面。材料形状、尺寸应与图纸相符，上道工序加工的质量（包括尺寸及表面缺陷）应满足要求。放置材料并调整夹具，夹具位置适当，夹紧力度适中；材料不能翻动，放置符合加工要求，如图 4-1-3 所示。

调整铣刀位置、转速、下降速度以及冷却液的喷射量等。初加工时下降速度要慢，待加工无误后方能进行批量生产，如图 4-1-4 所示。

对于每批材料或当天首次开机加工的首件操作者须自行检查，产品须符合以下质量要求：

1）擦伤、划伤深度不大于氧化厚度的 2 倍；擦伤总面积不大于 500mm^2；划伤总长度不大于 150mm；擦伤和划伤处不大于 4 处。

图4-1-3　铝型材加工流水线的夹具

图4-1-4　铝型材铣床加工

2）毛刺不大于0.2mm。

3）孔位允许偏差为±0.5mm，孔距允许偏差为±0.5mm；累计偏差不大于±1.0mm。

产品自检不合格应进行分析，如机器或操作方面的问题，应及时调整或向车间技术员反映。对不合格品应进行返修，不能返修时应向部门领导汇报。产品自检后，方可进行批量生产，必须认真填写质量跟踪单、检查的频率，首件和末件必须检查，对于批量的，中间要抽检5%~10%，清理材料上的铝削和毛刺后，方可进入下一工序，完成后及时填报ERP系统。

任务实施

在设计单位对BIM模型拆分后，对构件式铝合金幕墙系统，生产单位主要负责铝合金型材的切割、加工，铝合金门窗的生产等。通过参观铝合金幕墙的生产单位完成以下任务：

详细描述铝合金型材切割的过程和工艺要求。

详细描述铝合金型材加工的过程和工艺要求。

学习小结

（1）对于铝型材的切割需要掌握砂轮切割机的操作规程，如何用砂轮机对铝型材进行切割以及如何保证铝型材切割的质量等内容。

（2）铝型材的加工主要是用铣刀对材料打孔，要注意图纸的尺寸和加工工艺要求。

任务 4.1.2　单元式铝合金幕墙系统的智能生产

任务引入

单元式幕墙是面层与支撑框架在工厂制作成的完整幕墙结构，可直接安装在主体结构上。

单元式幕墙的优点有：

（1）单元式幕墙的高度为楼层的高度，可直接挂在楼层的预埋件上，安装方便。

（2）在工厂将玻璃、铝板、石材等面材组装成一个单元板块促进了工厂化加工。

（3）单元板块在工厂内加工，有利于质量的检查，提高了幕墙的质量。

（4）单元式幕墙的预埋件及加工尺寸的精度高，大大提高了型材的利用率等。

（5）单元板块的安装完全可在楼内完成，节省了脚手架或吊篮的费用。

（6）密封胶条耐老化性能强。

单元式幕墙的缺点有：

（1）无论是现场工地还是工厂均需占用较大的空间，用于部品部件的摆放。

（2）运输成本高，易破损。

（3）加工成本较高。

（4）施工组织较复杂。

知识与技能

1. 单元式铝合金幕墙系统的组框

对于单元式铝合金幕墙系统，在把所需要的型材、辅件准备齐全后，即可开始组框。组框的主要步骤如下：

（1）把工作台清理干净，按组装图细目把所需要的型材、附件准备齐全，先穿好横竖框上的胶条，两端各留 10mm 使胶条处于自然状态。两端余量现场安装时再切掉，以防止胶条松动、变形、脱落。

（2）按组装图要求进行组框，横框端头（与竖框侧面接触部位）均涂密封胶（图 4-1-5），厚度 1mm，采用自攻钉带适量密封胶进行拧紧，自攻钉必须与型材垂直，保证连接部位装饰面阶差、缝隙、对角线符合图纸要求。把螺帽处用胶密封，以确保螺钉的紧固及钉孔处的水密性。

（3）组框时注意横竖框接头处平整（以内视面为主），不允许出现阶差。用直角尺及塞尺检测单元阶差，保证单元各处阶差不大于 0.2mm，如图 4-1-6 所示。用塞尺检测单元缝隙，保证单元各处缝隙不大于 0.2mm，如图 4-1-7 所示。用钢卷尺检测单元对角线，保证单元对角线不大于 3mm，长、宽偏差不大于 1mm，如图 4-1-8 所示。

（4）横竖框组装后，横框开口部位按组装图打密封胶。最后用抹布和刮板将残留在单元内外侧的耐候密封胶清理干净，如图 4-1-9 所示。

注意：凡打胶处型材表面在打胶之前必须用溶脂性、去污性、挥发性强的清洁剂（如丙酮、工业酒精等）清洗。

图 4-1-5　横框端头处用胶密封

（5）每天记录板块拼框的数据，并在 ERP 上及时更新数据。

图 4-1-6　检测单元阶差

图 4-1-7　检测单元缝隙

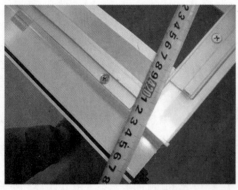

图 4-1-8　检测单元对角线

图 4-1-9　清理耐候密封胶

2. 单元式铝合金幕墙系统的背板和铝板安装

（1）背板安装

对照组装细目铝板编号选取背板，按组装图要求进行组装。将背板平铺在工装上，调整背板与横、竖框间隙，使背板居中，然后用气枪将十字刀头卡牢，气枪与背板之间必须保持垂直，用不锈钢盘头自攻钉把背板与横、竖框连接牢固。用美工刀将岩棉根据图纸尺寸切割成型，如图 4-1-10 所示。将岩棉平放在背板上，岩棉与横、竖框四周间隙应相等、均匀，如图 4-1-11 所示。

图 4-1-10　岩棉切割成型

用铝箔胶带将所有岩棉接缝以及岩棉与横、竖框四周的间隙处粘接，不允许见到岩棉丝。用手电钻钻连接加强筋与竖框的孔（必须保证钻头与竖框垂直），用气动起子将十字刀头卡牢，用不锈钢盘头自攻钉将加强筋与竖框固定，之后将铝屑清理干净。

（2）背板涂密封胶

背板、岩棉安装完成后，用手动或气动胶枪在背板与框型材的间隙处涂耐候密封胶，胶缝要连续、饱满、平整、光滑、美观，无气泡、无接头、无残胶、无飞边、无污迹，转角处圆滑过渡、无缺肉断裂。

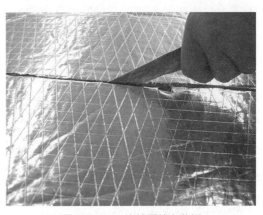

图 4-1-11　岩棉平放在背板

（3）铝板安装

对照组装细目铝板编号选取面板，按组装图要求进行组装。把铝板组件平放在框架上，上下左右推到位，调正位置，保证铝板两侧与框架边缘接触实后固定。铝板与框架之间用密封胶封闭，胶缝要符合密封要求，如图 4-1-12 所示。

3. 单元式铝合金幕墙系统玻璃、翻窗框和石材的安装

图 4-1-12　铝板安装

（1）中空玻璃面板安装

按组装图要求粘贴单面贴，并用工业酒精擦拭干净打胶面。对照组装细目中空玻璃编号，选取中空玻璃，按组装图要求进行组装。用酒精擦拭干净中空玻璃，玻璃全部平落在框架内，玻璃两侧与框架边缘之间放置橡胶垫限位，上下左右推到位，调正位置，保证玻璃底边与橡胶垫实接触，两侧与框架边缘对齐，如图 4-1-13 所示。

（2）翻窗框安装

对照组装图和配料表选取翻窗边框，按组装图要求进行组装。翻窗框全部平落在板块框架内，上下左右推到位，调正位置，把两侧用带胶的螺钉固定，再用螺钉分别与上下方的横框连接，注意钉帽和钉头处抹胶，保证钉孔处的水密性，要求美观干净。翻窗框固定后，边框与板块框架接触内侧周边用胶密封，保证内视效果美观、干净。

图 4-1-13　中空玻璃面板安装

（3）石材安装

对照组装图和配料表选取石材，按组装图要求进行组装。把石材组件平放在框架上，上下左右推到位，调正石材位置后固定。

4. 单元式铝合金幕墙系统注胶、固化和成品装架

（1）板块注结构胶

将单面贴按图纸要求粘在框型材上，单面贴端头处应切割平直，对接时保持两单面贴平行、接头无缝隙，保证单元整洁美观，如图 4-1-14 所示。

中空玻璃置于组装架上，将中空玻璃四周的残胶清理干净，之后将中空玻璃两面擦拭干净，同时检查中空玻璃两面有无划伤、破损。将吸盘置于中空玻璃表面，之后将中空玻璃置于单面贴上，调整中空玻璃位置，玻璃四周与框型材距离均匀，下部与单面贴靠严实，保证单面贴平整、无褶皱，与玻璃粘接牢固。用直角尺及塞尺检测中空玻璃的阶差，保证中空玻璃阶差不大于 0.5mm，如图 4-1-15 所示。

图 4-1-14　将单面贴粘在框型材上　　图 4-1-15　用直角尺检测中空玻璃的阶差

注结构胶之前检查结构胶的生产日期，做结构胶的各项试验（胶杯试验、蝴蝶试验、割断试验），确保满足要求，硅酮结构胶应在 15~27℃，相对湿度 50%~70% 的环境条件下使用，可获得较佳的粘接效果。在中空玻璃与框型材之间注双组分结构胶，胶缝

要符合密封要求，与中空玻璃平齐。用刮板将溢出的结构胶刮平，将多余的残胶清理干净。

（2）装饰密封胶

对照组装图和配料表选取装饰扣板，按组装图要求进行安装。去除横、竖框端面毛刺与铝屑，对照组装图将胶条穿入横、竖框的胶条槽内，向回推，复原胶条的拉伸力，且两端长出型材端面 25mm，切齐，胶条与框两端注入胶水固定，防止胶条松动、脱落，注意胶条的倒偏方向朝单元内侧，如图 4-1-16 所示。在工艺孔处涂密封胶，然后压入密封塞，要求外视效果美观、干净，如图 4-1-17 所示。

图 4-1-16　将胶条穿入横、竖框的胶条槽内　　图 4-1-17　在工艺孔处涂密封胶，压入密封塞

注胶之前检查密封胶的生产日期，控制施工温度在 4~40℃。将板块框架和玻璃残胶清洗干净，在玻璃之间形成的注胶槽中塞入泡沫棒（按图纸要求），并用专用工具使泡沫棒均匀低于玻璃及框面 4~5mm，用手动或气动胶枪注入密封胶，保证胶缝符合密封要求。清理打胶表面，用刮板将密封胶刮平，并将保护膜清理干净，如图 4-1-18 所示。

（3）固化

板块清理密封胶后，在固化区固化。固化区应保证单元固化所需要的温度（15~27℃）、湿度（50% 以上）及洁净环境。固化时严禁移动单元，如图 4-1-19 所示。

图 4-1-18　清理打胶表面　　　　　　　　图 4-1-19　固化

（4）成品装架

成品检验时着重检查单元幕墙板块的外形尺寸，注胶质量，玻璃、铝板及铝型材的表面质量。在表面开始固化前放进固化区，没有完全固化前不得搬动，将单元幕墙板块摆放在专用的板块架子上，待固定牢靠后装车发往现场。

 ## 任务实施

在设计单位对 BIM 模型拆分后，单元式铝合金幕墙系统全部在生产单位完成生产。通过参观铝合金幕墙的生产单位完成以下任务：

（1）详细描述单元式铝合金幕墙系统生产过程。

（2）详细描述单元式铝合金幕墙系统生产的工艺要求。

 ## 学习小结

单元式铝合金幕墙的生产流程主要包括组框、背板安装、背板涂密封胶、铝板安装、中空玻璃面板安装、翻窗框安装、石材安装、板块注结构胶、装饰密封胶、固化、成品装架等环节，要注意每个环节的工艺质量要求。

知识拓展

铝型材挤压是将铝合金置入挤压筒内并施加一定的压力，使之从特定的模孔中流出，从而获得所需的截面形状和尺寸的一种加工方法，如图 4-1-20 所示。这种挤压加工法成本低、效率高、操作简单，在现代工业生产体系中占有相当大的比重，使铝型材成为国民经济中的重要基础材料，铝型材在挤压时要按照以下工艺流程进行：

码 4-1-1
项目 4.1 知识拓展

（1）挤压前的准备工作

检查燃油系统→检查空气压力系统→检查线路及供电设施→检查水循环系统→核对铝棒数量和模具型号。

1）仔细检查各挤压生产线的燃油系统是否供应正常；

2）仔细检查空气压力系统是否供应正常，将流量和气压值记录下来；

3）仔细检查各条线路以及供电设施是否正常，电压是否在 380V 的稳定范围之内；

4）仔细检查冷却循环水系统是否开启，水压和流量是否在规定的范围之内；

5）清点原材料，仔细核对铝棒数量和模具型号是否一致，如图 4-1-21 所示。

（2）挤压工作步骤

铝棒平铺→一次加热 12 根铝棒→温度达 480℃保温 1h→模具加热至 480℃→模具放

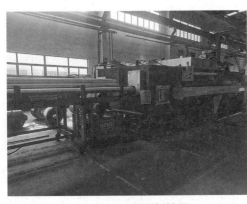

图 4-1-20　铝型材挤压

图 4-1-21　核对铝棒数量和模具型号

入模座→送至原料口→挤压→牵引→矫直→时效→出炉→200℃后保温 2h →冷却→完成。

1）将准备好的铝棒平铺于料架上，铝棒之间要预留一定的空隙，注意不要将铝棒堆砌，否则会增强挤压机的工作难度，在操作时也容易造成铝棒跌落砸伤工作人员；

2）严格按照工艺流程操作，在熔炉内摆放 12 根铝棒，在常温下进行加热，当加热时间达 3.5h 后，温度达到 480℃，保温 1h 后就可进行正常生产了；

3）与此同时，将挤压模具放入熔炉中加热，使模具温度也达到 480℃；

4）铝棒和模具的加热和保温工作都做好后，将模具放入挤压机的模座内；

5）将剪切好的铝棒放入挤压机原料入口处准备挤压；

6）进入挤压阶段，挤压好的型材从出料孔出来后，经过牵引机牵引，然后定好长度尺寸进行切割，随后将铝型材送至调正台进行矫直，经矫直后的铝型材就可以运送到成品区进行定尺切割了；

7）按照要求将切割完毕的铝型材装入料框中，运送至时效区，进入时效炉后进行时效处理，当时效温度达到 200℃后，保温 2h，然后等待出炉；

8）时效处理完成后就可以出炉了，进入冷却阶段，可以进行自然冷却或是用冷风机进行冷却，此时挤压工作结束，外观质量和形状尺寸合格的铝型材挤压到此完成，如图 4-1-22 所示。

图 4-1-22　外观质量和形状尺寸合格的铝型材

习题与思考

一、填空题

1. 构件式铝合金幕墙系统的生产主要包括铝型材的_____、_____，铝合金门窗_____等内容。

2. 铝型材切割时，每一批图纸，第一支料切割时应预留_____mm的余量，检查_____及_____，调整机器达到要求后才能进行批量生产。

3. 单元式幕墙是_____与_____在工厂制作成的完整幕墙结构，可直接安装在主体结构上。

4. 凡打胶处型材表面在打胶之前必须用_____、_____、_____强的清洁剂（如丙酮、工业酒精等）清洗。

码 4-1-2
项目 4.1 习题与
思考参考答案

二、简答题

1. 简要说明构件式铝合金幕墙系统型材切割的主要要求。
2. 简要说明构件式铝合金幕墙系统型材加工的主要要求。
3. 简要说明单元式铝合金幕墙系统生产的主要流程。

三、讨论题

1. 通过调研，你觉得铝合金幕墙系统的建筑应用场景有哪些?
2. 结合参观与文献查询，你觉得构件式和单元式铝合金幕墙系统各自的主要优势是什么?

项目 4.2　铝合金门窗的工业化智能生产

教学目标 📖

一、知识目标

1. 掌握铝合金门窗的生产准备要求；
2. 掌握铝合金门窗的加工与组装工艺和流程；
3. 掌握铝合金门窗的调试检验与包装入库的要求。

二、能力目标

1. 能够完成铝合金门窗的生产准备；
2. 能够完成铝合金门窗的加工和组装；
3. 能完成铝合金门窗的调试、检验、包装和入库。

三、素养目标

1. 能充分理解国家高质量发展对工业化生产的要求；
2. 培养学生精益求精的工匠精神；
3. 培养学生刻苦耐劳、认真仔细的优良品格。

学习任务 🗔

掌握铝合金门窗工业化智能生产的基本流程，加工、组装、调试、检验、包装和入库过程中的要求等。

建议学时 ⊡

8 学时

思维导图

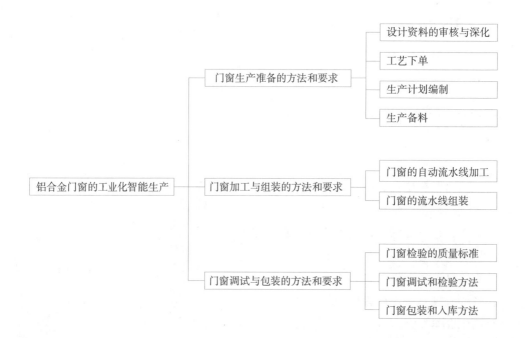

铝合金门窗的工业化智能生产
- 门窗生产准备的方法和要求
  - 设计资料的审核与深化
  - 工艺下单
  - 生产计划编制
  - 生产备料
- 门窗加工与组装的方法和要求
  - 门窗的自动流水线加工
  - 门窗的流水线组装
- 门窗调试与包装的方法和要求
  - 门窗检验的质量标准
  - 门窗调试和检验方法
  - 门窗包装和入库方法

任务 4.2.1 铝合金门窗的生产准备

 任务引入

铝合金门窗是指采用铝合金挤压型材作为框、梃、扇料制作的门窗，其具有以下几个特点：

（1）铝合金型材是金属材料，铝加各种金属元素制成各种合金，具有其他合金型材无可比拟的优点，如质轻且强度高，可挤压成各种复杂的断面型材，表面经处理后，可呈现多种不同颜色，经过氧化光洁闪亮，能够搭配不同的家装风格。

（2）铝合金门窗壁厚达到国家标准壁厚的 1.4mm 以上、型材表面氧化处理 10μm 以上，可用到 10 年以上，好的使用寿命长达 30 年。

（3）铝合金门窗的密封性能好，不渗水且防潮、隔声、隔热，可用软布沾清水或中性洗涤剂清洗，较为方便。

铝合金超低能耗门窗的生产准备主要包括图纸深化、工艺下单、编制计划和生产备料等环节。生产准备是生产加工和组装顺利进行的保证。采用信息化管理平台对整个过程进行管控，确保高质量完成生产准备。

知识与技能

1. 铝合金门窗的设计资料的审核与深化

铝合金门窗的设计资料包括图纸部分和计算书部分。图纸主要包括图纸目录、设计说明、平面图、立面图、节点详图等。计算书部分一般包括计算引用的规范和标准，基本参数，力学模型，门窗承受荷载计算，门窗竖梃、横梃计算，内力计算，玻璃计算，门窗连接设计计算，节点设计计算，以及保温、隔热、隔声、防雷等的设计计算等。

（1）设计资料审核

设计资料审核主要包括确认客户图纸信息，大样图是否规范、客户确认签字；判断窗型、配件、规格是否满足受力安全要求；玻璃选配是否符合要求；判断使用场景，是否采取拼料 / 散装等；确认是否具备加工模具和刀具、是否有特殊需求。

（2）门窗平、立面和大样图深化设计

列出建筑设计单位（或甲方）提供的所有门窗平面、立面、大样图。如对原建筑师的门窗立面分格图提出合理化建议，必须画出平面、立面分格大样图。每个门窗大样图上应标明：门窗的编号（与建筑图纸一致）、门窗的分格尺寸（与建筑图纸一致）、开启方向、数量、门窗在建筑上的位置、型材的选料表、玻璃种类、节点编号。

（3）门窗节点详图深化设计

门窗节点大样图应包括所有门窗的典型节点。节点编号与门窗立面大样图上的节点编号一致。节点图至少包括门窗防雷节点、下口塞缝节点、窗上口塞缝节点、门下口塞缝节点、门上口塞缝节点、转角窗节点、不同型材的拼接节点、五金安装节点、加强型钢组合节点、安装节点（不同饰面材料时分开绘制）等。节点图中注意塞缝和其他加强防排水构造。

2. 铝合金门窗的工艺下单

"生产工艺单"，也称作"工艺指导书"，是一种用来指导生产过程的文件。它是一种详细描述每一步生产过程的记录，包括：生产物料、生产设备、生产流程、检验标准和其他相关信息。它既可以给企业的生产人员提供便利，也可以给工厂的生产活动提供参考和指导。在完成设计图纸的审核和深化设计后，利用专用门窗软件，完成工艺下单。

（1）图纸录入

在门窗软件中录入图纸信息；检查各项录入数值是否与图纸一致；特殊事项备注说明；复检审核，保证客户需求完整呈现。

（2）生产工艺下单

门窗软件可以根据输入的设计参数，自动生成生产工艺单。工艺单可包括：门窗制作图、型材下料优化开料单，本批次配件领料单任务汇总单，有特殊工艺要求的应附带说明或图纸，以及标签等。工艺下单时应注意每批的生产量，避免每批次的生产周期过长，影响工地的安装进度。某公司塑料门窗生产工艺单如图4-2-1所示。

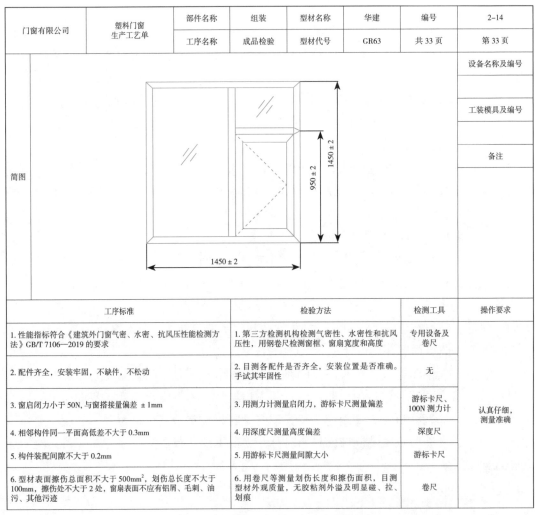

门窗有限公司	塑料门窗生产工艺单	部件名称	组装	型材名称	华建	编号	2-14
		工序名称	成品检验	型材代号	GR63	共33页	第33页
简图						设备名称及编号	
						工装模具及编号	
						备注	

工序标准	检验方法	检测工具	操作要求
1. 性能指标符合《建筑外门窗气密、水密、抗风压性能检测方法》GB/T 7106—2019 的要求	1. 第三方检测机构检测气密性、水密性和抗风压性，用钢卷尺检测窗框、窗扇宽度和高度	专用设备及卷尺	认真仔细，测量准确
2. 配件齐全，安装牢固，不缺件，不松动	2. 目测各配件是否齐全，安装位置是否准确。手试其牢固性	无	
3. 窗启闭力小于 50N，与窗搭接量偏差 ±1mm	3. 用测力计测量启闭力，游标卡尺测量偏差	游标卡尺、100N 测力计	
4. 相邻构件同一平面高低差不大于 0.3mm	4. 用深度尺测量高度偏差	深度尺	
5. 构件装配间隙不大于 0.2mm	5. 用游标卡尺测量间隙大小	游标卡尺	
6. 型材表面擦伤总面积不大于 500mm²，划伤总长度不大于 100mm，擦伤处不大于 2 处，窗扇表面不应有铝屑、毛刺、油污、其他污迹	6. 用卷尺等测量划伤长度和擦伤面积，目测型材外观质量，无胶粘剂外溢及明显碰、拉、划痕	卷尺	

图4-2-1 某公司塑料门窗生产工艺单

3. 铝合金门窗的生产计划编制

生产计划是企业对在计划期内应完成产品的生产任务和进度做出的统筹安排。它具体规定企业在计划期内应当完成产品的品种、质量、产量、产值、出厂期限等一系列生产计划指标。

（1）制订生产计划

依据订单交期和工艺单制订门窗生产计划，如表 4-2-1 所示。

（2）制订物料需求计划

根据生产计划完成门窗物料需求计划制订，如表 4-2-2 所示。

门窗生产计划   表 4-2-1

序号	工作内容	工作量	开始时间	完成时间	责任人
1	外框加工				
2	中梃加工				
3	内扇加工				
4	组装				
5	测试				
6	包装				
…	…	…	…	…	…

门窗物料需求计划   表 4-2-2

序号	物料名称	规格型号	单位	数量	时间
1	玻璃				
2	型材				
3	螺栓				
4	安装配件				
5	包装材料				
…	…	…	…	…	…

4. 铝合金门窗的生产备料

生产备料是根据物料需求计划，按时准备好生产使用的材料。在接到物料需要计划后，需要做物料的齐套分析、欠料分析、缺料分析。

（1）齐套分析

根据每件产品的用料清单、当前的库存、预计入库材料的种类和数量，分析出足够生产的材料套数，得到齐套数量。审核生产备料单后可以下推生产领料单，按照分析出来的齐套数量进行领料。

（2）欠料分析

当对生产订单进行齐套分析后，需要采用欠料分析跟踪齐套产品的材料入库情况。生产订单先做齐套分析，锁定套数进行分析，审核生产备料单后，后续可以新增生产备料单选择欠料分析，根据之前锁定的套数，分析该套数的材料入库情况。

（3）缺料分析

根据生产用料清单分析子项的缺料情况，得到生产订单具体缺料情况。

在库房的备料满足生产要求后，需要按以下步骤完成物料的准备工作：

（1）依据订单备料单，从库位中挑选备料（型材、配件、辅材）。

（2）核对物料数量、颜色、尺寸及配置，应与备料单一致。

（3）将物料放置在专用台车、托盘或运转车上，完成班组间交接。

（4）依据备料单，双方清点物料，核对正确后签字。

（5）将物料分门别类放置相应的区域或货架上，便于识别和使用。

📱 任务实施

在设计单位对 BIM 模型拆分后，为生产企业提供了门窗的设计图纸，生产单位在完成深化设计后，形成如表 4-2-3 所示的工艺单。请根据工艺单完成以下任务：

（1）请根据交货日期，制订生产计划。

（2）请根据生产计划，制订物料供应需求计划。

工艺单 表 4-2-3

工艺单						二维码		二维码	
						批量入库码		合同号：20230421021	
客户	×××				订单编号	027187	交货日期	2023-05-06	包装	
宽（mm）	770	高（mm）	2620	樘数	8	销售订单号		锯切	仓库发货	
面积（m²）	16.16		系列	平开窗	生产订单号		加工	窗号	C0826
室外色	LP481	室内色	LP481	客户订单号		组装	装配	
备注					创建日期	2023-04-21	执手位置	纱窗配置	

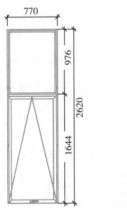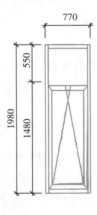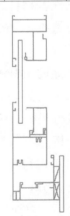

📱 学习小结

（1）铝合金门窗的设计资料的审核与深化主要包括设计资料审核，门窗平、立面和大样图深化设计，门窗节点详图深化设计等。

（2）铝合金门窗的生产工艺单是一种包含生产过程中的生产物料、生产设备、生产流程、检验标准和其他相关信息的文件，用来指导生产。

（3）铝合金门窗的生产计划是企业对在计划期内应完成产品的生产任务和进度做出的统筹安排。

（4）生产备料是根据物料需求计划，按时准备好生产使用的材料。

任务 4.2.2　铝合金门窗的加工与组装

 任务引入

在完成铝合金门窗的生产准备后，就可以进入铝合金门窗的加工与组装环节。该任务是铝合金门窗生产的关键环节，需要充分利用智能化生产设备和现代化管理手段确保产品质量。

 知识与技能

1. 铝合金门窗智能流水线加工

目前对铝合金门窗框、门窗扇和门窗中梃可以采用智能流水线加工，如图 4-2-2 所示。

图 4-2-2　铝合金门窗智能流水线加工

（1）上料

铝合金门窗框、门窗扇和门窗中梃的待切割型材采用同步带上料架上料，可同时存放 8 支型材，采用上料机械手完成型材的夹紧输送，如图 4-2-3 所示。

（2）切割

采用切割主机对门窗框、门窗扇完成型材两端 45° 的切割，对门窗中梃完成型材两端的 90° 切割和榫口铣削，如图 4-2-4 所示。

图 4-2-3　铝合金门窗框、门窗扇和门窗中梃上料　　图 4-2-4　铝合金门窗框、门窗扇和门窗中梃切割

（3）型材的转运

用 1 号、2 号、3 号、4 号、5 号牵引机械手完成门窗框、门窗扇和门窗中梃型材的传送和工位之间的转运。

（4）型材右端加工

其加工内容主要包括：门窗框型材右端注胶孔、螺钉孔；门窗扇型材右端头的注胶孔、螺钉孔、尖角和护角；门窗中梃型材右端注胶孔、螺钉孔。

（5）型材左端加工

其加工内容主要包括：门窗框型材左端注胶孔、螺钉孔；门窗扇型材左端头的注胶孔、螺钉孔、尖角和护角；门窗中梃型材左端注胶孔、螺钉孔。

（6）门窗框固定孔加工

配置 6 组钻铣机头，一次可加工 6 个安装孔，也可分两次或多次加工 6 个以上的安装孔；将每支型材的相关信息打印到不干胶标签上，并自动粘贴到型材上表面（采用热敏式不干胶标签）。门窗框生产线为自动化生产模式，多个工位可以同时加工型材，如图 4-2-5 所示。

图 4-2-5　门窗框固定孔加工

（7）门窗扇的加工

第一出料台将加工完成的型材输出后，在双轴立铣工位完成扇执手孔的加工；第二出料台将无后续加工元素的型材输送出，在双轴卧铣工位加工排水孔、等压孔、锁盒孔等；第三出料台将加工完成的型材输送出。多个工位可以同时加工型材，互不干涉。

（8）中梃的加工

用两组钻铣机头（带有激光画线）同时加工 2 组框上的中梃螺钉连接孔或用激光画出中梃定位线。将每支型材的相关信息打印到不干胶标签上，并自动粘贴到型材上表面（采用热敏式不干胶标签）。

第一出料台加工完成后，在三轴立铣工位加工明排、隐排和外开窗框的排水孔，如果一段型材需要加工多个排水孔时，则由机械手牵引型材依次加工；第二出料台将加工完成的型材输送出。多个工位可以同时加工型材，互不影响。

2. 铝合金门窗流水线组装

铝合金门窗流水线组装主要包括中梃与窗框连接、组角与装转换框、注胶养护、密封和五金装配、纱窗剪切和装配、压线与玻璃装配、面板焊接等环节，如图 4-2-6 所示。

（1）中梃与窗框连接

依据图纸确定中梃位置，并画线，寻找与设计图一致的中梃材料、中梃连接件和密封垫，测量端部的尺寸，安装中梃连接件并检查密封垫。装配销钉，检查中梃与框之间是否牢固、间隙，及销钉是否遗漏，如图 4-2-7 所示。

图 4-2-6　铝合金门窗流水线组装　　　　　图 4-2-7　中梃与窗框连接

（2）组角与装转换框

寻找与设计图一致的角码、连接件和框、扇、纱扇材料；清洁表面，并使用撕膜器将角部保护膜撕除；截面涂断面胶，装配角码、固定片，组角（部分需要上组角设备）；检查对角线、高低差、间隙和牢固性。

确认拼接材料平整度、高低差；用木榔头和垫片，对错角部位进行修复；擦拭端面溢胶，并确认间隙是否密实；装配扇、纱窗防护角件，保证平整、无松动；组装半成品，平放于流水线、作业台面。

依据放样单，确认转换框材料；按顺序进行角码装配、组角与外框连接，确认搭接宽度及间隙，如图 4-2-8 所示。

（3）注胶养护

使用气动胶枪，保证双组分结构胶出胶畅通；对中梃、角部连接件、角码处进行注胶；以溢出胶为准，并及时清理、擦胶；检查注胶是否完整，有无遗漏。

将刚注好结构胶的窗框平放于台面，上夹板；调整平整度、间隙，夹紧定型；放置于安全养护区，不得碰角；养护 2~4h，方可移动，如图 4-2-9 所示。

图 4-2-8　装转换框

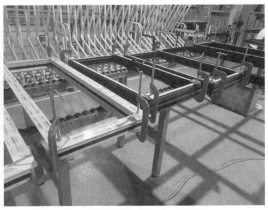

图 4-2-9　铝合金门窗养护

（4）密封和五金装配

选择匹配的密封胶条，装配胶条；在排水孔位置钻孔，接口要留于框扇的上方，并用胶水进行粘接密合。

选择并清点五金（执手、锁盒、合页、锁点）；安装五金（传动杆、执手、斜拉杆、锁盒）；装配后，调试各传动装置灵活度；确认开闭及是否遗漏。

（5）纱窗剪切和装配

依据放样单尺寸，计算纱窗内径尺寸，启动剪网机裁切；启动平网工序，保证平整度；折弯机折 90° 边，并冲剪缺口；装配纱窗、合页、执手、磁条；确认五金装配开闭灵活度。

（6）压线与玻璃装配

选取匹配规格、颜色的压线材料，进行实配切割、装配，确认高低差、间隙。

依据放样单，选择相应规格、配置的玻璃；装配玻璃垫块；放置玻璃，注意正反面，3C 标签位于同一方向；确认玻璃四周间距，并压玻璃胶条（推拉窗、门需打胶）；玻璃角部余胶清理。

（7）面板焊接

依据放样单尺寸，焊接面板（采取渗透式焊接方式），打磨焊点及焊疤，对气孔部位进行修整，清除门窗上的各种各样油渍（如润滑剂、乳化油、植物油脂、汗垢等）和浮尘等，将涂层材料加热至 205℃熔化喷涂，再进行面板装配。

📱 任务实施

（1）在实训室完成任务 4.2.1 设计门窗的加工和组装。

（2）通过参观门窗加工厂和深入调研，对门窗的加工和组装的工艺流程和实施要求进行详细描述。

学习小结

（1）铝合金门窗智能流水线加工主要包括上料、切割、型材的转运、型材右端加工、型材左端加工、门窗框固定孔加工、门窗扇的加工和中梃的加工等。

（2）铝合金门窗流水线组装主要包括中梃与窗框连接、组角与装转换框、注胶养护、密封和五金装配、纱窗剪切和装配、压线与玻璃装配、面板焊接等环节。

任务 4.2.3　铝合金门窗的调试与包装

任务引入

在铝合金门窗加工和组装完成后，还需要完成门窗的调试和检验，在产品检验合格后，进行包装入库，为后期运输到施工现场做好准备。

知识与技能

1. 铝合金门窗的质量标准

根据《铝合金门窗》GB/T 8478—2020，对铝合金门窗的质量要求包括材料要求、外观要求、门窗及框扇装配尺寸、装配质量等。

（1）材料要求

铝合金型材：外门窗框、扇、拼樘框等主要受力杆件所用主型材壁厚应经设计计算或试验确定。主型材截面主要受力部位基材最小实测壁厚，外门不应小于 2.2mm，内门不应小于 2.0mm，外窗不应小于 1.8mm，内窗不应小于 1.4mm。

表面处理：铝合金型材应根据门、窗的不同使用环境选择表面处理类型，型材表面处理层的适用范围和厚度要求应符合表 4-2-4 的要求。

玻璃：铝门窗玻璃应采用符合现行《平板玻璃》GB 11614 规定的平板玻璃及其制品。钢化玻璃应符合现行《建筑门窗幕墙用钢化玻璃》JG/T 455 的规定。中空玻璃应符合现行《中空玻璃》GB/T 11944 的规定，且外门窗用中空玻璃气体层厚度不应小于9.0mm，单腔中空玻璃厚度允许偏差值宜为 ±1.5mm。门窗用内置遮阳中空玻璃制品应符合现行《内置遮阳中空玻璃制品》JG/T 255 的规定。外门窗用内置遮阳中空玻璃制品的中空腔内装有传动机构的间隔框，应采用具有耐候性的非金属断热材料的复合型构造，并采用三边框形式。门窗用保温型、隔热型、保温隔热型玻璃应符合现行《建筑用保温隔热玻璃技术条件》JC/T 2304 的规定。耐火型门窗用玻璃应符合现行《建筑幕墙、门窗通用技术条件》GB/T 31433 的规定，其耐火完整性不应小于 30min。

铝合金型材装饰面表面处理层适用范围及厚度要求　　　表 4-2-4

表面处理层		阳极氧化	电泳涂漆	喷粉	喷漆
适用范围 a 及厚度 b 要求	外门窗	阳极氧化 + 封孔 阳极氧化 + 电解着色 + 封孔膜厚度级别不低于 AA15，局部膜厚度 >12μm	有光或消光透明漆膜厚级别 A、B（阳极氧化膜局部膜厚度 ≥ 9μm）	光泽平面效果；砂纹、二次喷涂木纹立体效果装饰面局部厚度 ≥ 50μm	四涂层（高性能金属漆）装饰面局部膜厚度 ≥ 55μm 三涂层（一般金属漆）装饰面局部膜厚度 ≥ 34μm 二涂层（单色漆，珠光云母漆）装饰面局部膜厚度 ≥ 25μm
	内门窗	阳极氧化 + 封孔 阳极氧化 + 电解着色 + 封孔阳极氧化 + 染色 + 封孔膜厚度级别不低于 AA10，局部膜厚度 ≥ 8μm	有光或消光有色漆膜厚级别 S（阳极氧化膜局部膜厚度 ≥ 6μm）	锤纹、皱纹、大理石纹、立体彩雕纹、热转印木纹、金属效果装饰面局部厚度 ≥ 40μm	

a 适用于外门窗的表面处理层，也可用于内门窗。
b 电泳、喷粉和喷漆型材某些装饰表面（如内角、凹槽等）的局部膜层厚度允许低于规定值，但不应出现露底现象

密封及弹性材料：铝门窗玻璃镶嵌、杆件连接及附件装配所用密封胶应与所接触的各种材料相容，并与所需粘接的基材粘接。隐框窗用的硅酮结构密封胶应具有与所接触的各种材料、附件相容性，及与基材的粘接性。

五金配件：铝门窗框扇连接、锁固用功能性五金配件应满足整樘门窗承载能力的要求，其反复启闭性能应满足要求。铝门窗组装机械连接应采用不锈钢紧固件。不应使用铝及铝合金抽芯铆钉做门窗受力连接用紧固件。

（2）外观要求

产品表面应洁净、无污迹。框扇铝合金型材、玻璃表面应无明显的色差、凹凸不平、划伤、擦伤、碰伤等缺陷。

镶嵌密封胶缝应连续、平滑，不应有气泡等缺陷；封堵密封胶缝应密实、平整。密封胶缝处的铝合金型材装饰面及玻璃表面不应有外溢胶粘剂。

密封胶条应平整连续，转角处应镶嵌紧密不应有松脱凸起，接头处不应有收缩缺口。

框扇铝合金型材在一个玻璃分格内的允许轻微表面擦伤、划伤应符合表 4-2-5 的规定。在许可范围内的型材喷粉、喷漆表面擦伤和划伤，可采用相应的方法进行修饰，修饰后应与原涂层颜色基本一致。

门窗框扇铝合金型材允许轻微的表面擦伤、划伤要求　　　表 4-2-5

项目	室外侧要求	室内侧要求
擦伤、划伤深度	不大于表面处理层厚度	
擦伤总面积（mm²）	≤ 500	≤ 300
划伤总长度（mm）	≤ 150	≤ 100
擦伤和划伤处数	≤ 4	≤ 3

（3）门窗装配尺寸

门窗装配尺寸允许偏差应符合表 4-2-6 的规定。

门窗装配尺寸允许偏差（单位：mm） 表 4-2-6

项目	尺寸范围	允许偏差
门窗宽度、高度构造尺寸	≤ 2000	± 1.5
	2000~3500	± 2.0
	>3500	± 2.5
门窗对边尺寸	≤ 2000	≤ 2.0
	2000~3500	≤ 2.5
	>3500	≤ 3.0

（4）装配质量

门窗框、扇杆件连接牢固，装配间隙应进行有效密封。门窗附件安装牢固，开启扇五金配件操控灵活，门窗启闭无卡滞。紧固件就位平正，并按设计要求进行密封处理。门窗开启锁固五金配件安装位置正确，锁闭状态应符合设计要求。门、窗应在不超过 50N 的启、闭力作用下灵活开启或关闭。

2. 铝合金门窗的调试和检验

（1）铝合金门窗的调试

依据标签、放样单，选择窗框、内扇和纱扇；组合装配；上调试架，装配并调试锁点、合页位置；调试五金开闭灵活性；四周扣条安装；整窗进行外观清洁，对画线印、残胶、保护膜等进行清洁、更新；组角 45° 密封位置，侧边溢胶等，用白抹布进行擦拭；对胶条灰尘、内腔铝屑、玻璃表面，进行有效清洁，如图 4-2-10 所示。

（2）铝合金门窗的检验与验收

铝合金门窗的检验是确保质量的关键环节，需要完成以下一些内容：依据大样图、放样单，对整窗的

图4-2-10 铝合金门窗的调试

尺寸、系列进行验收；对需要安装的附件进行清点整理，并形成标识；填写成品验收记录表；贴绿色合格验收标签；对角部细化部位，进行拍照记录。

（3）检验和验收过程中的注意事项

1）所安装的铝合金门窗的规格、尺寸、品牌、颜色以及五金配件等都应该与设计图纸一致。

2）铝合金门窗表面洁净光滑，无擦伤、划痕，无胶水、泥浆，无锈蚀、划痕，能够开关自如，安装牢固，开合方向与图纸一致。

3）密封胶的表面要光滑平整，没有裂纹，无断裂情况，胶条与毛条的装配要合格，必须在槽口之内，不得有卷边，各个交角处要平整顺直，牢固紧密。

4）铝合金门窗的型材以及壁厚都应符合设计和标准规定，所选用的材料应为不锈钢或镀锌材质。

5）铝合金门窗扇应该开启灵活，关闭严密，安装牢固。如果是推拉设计，一定要做相应的防脱落措施。验收时还要注意门窗扇有没有倒翘、走扇的现象。

3. 铝合金门窗的包装和入库

（1）包装

应根据铝合金型材、玻璃和附件的表面处理情况，采用合适的无腐蚀作用材料包装；包装箱应具有足够的承载能力，确保运输中不被损坏；包装箱内的各类部件，避免发生相互碰撞、窜动，如图 4-2-11 所示。

图 4-2-11 铝合金门窗的包装

（2）铝合金门窗的随行文件

1）产品合格证

单樘门、窗产品应有产品合格证，应包括下列主要内容：执行产品标准号；出厂检验项目、检验结果及检验结论；产品检验日期、出厂日期、检验员签名或盖章（可用检验员代号表示）。

2）产品质量保证书

每个出厂检验批或交货批应有产品质量保证书，应包括下列主要内容：产品名称、商标及标记（包括执行的产品标准编号）；产品型式检验的性能参数值，并注明该产品型式检验报告的编号；产品批量（樘数、面积）、尺寸规格型号；门窗框扇铝合金型材表面处理种类、色泽、膜厚；玻璃及镀膜的品种、色泽及玻璃厚度；门窗的生产日期、检验日期、出厂日期，质检人员签名及制造商的质量检验印章；制造商名称、地址及质量问题受理部门联系电话；用户名称及地址。

3）产品安装使用说明书

每批门窗出厂或交货时应有产品安装使用说明书。产品安装使用说明书的编制应符合现行《工业产品使用说明书总则》GB/T 9969 规定。门窗产品安装使用说明书应包括产品说明、安装说明、使用说明和维护保养说明等。

4）产品二维码标记

宜采用二维码对每樘门窗产品进行标识，使用户可通过扫描二维码获取产品标志、产品随行文件等信息。产品二维码标记应具有永久性，满足门窗产品的质量、安全问题等追溯性要求。二维码的数据结构、信息服务和符号印制质量要求应符合现行《商品二维码》GB/T 33993 的规定。

（3）铝合金门窗的入库

产品应放置在通风、干燥的地方。严禁与酸、碱、盐类物质接触并防止雨水侵入；产品严禁与地面直接接触，底部垫高大于 100mm；产品放置应用非金属垫块垫平，立放角度不小于 70°，如图 4-2-12 所示。

图 4-2-12　铝合金门窗的入库

 任务实施

（1）在实训室对任务 4.2.2 中加工和组装好的门窗进行调试、检验、包装和入库。

（2）通过参观门窗加工厂和深入调研，对门窗调试、检验、包装和入库方法进行详细描述。

 学习小结

（1）铝合金门窗的质量标准主要对材料、外观、门窗及框扇装配尺寸、装配质量做出了规定。

（2）铝合金门窗的调试、检验要按照质量标准进行，确保产品质量。

（3）铝合金门窗的包装符合运输要求，随行文件齐全。

知识拓展

铝合金门窗的节能设计方法主要包括：

（1）采用优质原生铝材料。通过采用优质原生铝材料来达到降低能耗、减少排放的目的，从而提高能源利用率。优质原生铝材既可以用作结构原料也可以作装修用材，不仅节省大量木材，而且节约成本，同时还能起到装饰效果。

码 4-2-1
项目 4.2 知识拓展

（2）铝合金门窗采用高强度的中空钢化玻璃作为隔热隔声层，有效防止热量辐射到室外。在夏季炎热时可使室内外温差达 20℃，冬季寒冷时仅需保温就能够保证正常使用，真正意义上降低能源消耗，实现绿色环保理念。

（3）铝合金门窗表面经过喷涂处理，可以避免外界灰尘进入窗内。当窗户被打开或关闭后，不会出现积尘现象。另外，也不需要频繁更换密封条和清洗窗部件，节约了时间成本，具有节能、节材、无污染等优点。

（4）密封胶条与玻璃胶层紧密贴合，不易脱落，使用寿命长，能有效保护胶层免受紫外线照射而老化变形；而且耐冲击性强，抗腐蚀性强。同时，还具备良好的隔声降噪作用，从而使整个房间更加安静舒适，达到净化空气的目的，对改善室内环境质量起到积极作用。

（5）不同的窗型节能效果不同，例如：由于对流造成的热损失极少，固定窗的窗框和玻璃的热传导性能是影响整个铝合金窗保温隔热性能的主要因素，合理选择窗框和玻璃材料，将会取到非常好的隔热保温效果。平开窗通常采用优质的橡胶条进行密封，密封性能很好，窗扇与窗框之间也很难形成空气对流，与固定窗近似，平开窗有着极佳的节能效果。

（6）断桥铝门窗的断桥设计也大大提升了门窗的节能效果，断桥设计主要是将 PA66 隔热条作为隔墙材料与铝型材相结合，根据需要在隔热腔体内设置中空外框，形成封闭空间。这种系统可以避免外部热源直接辐射进来，降低温度波动幅度。既满足了保温性能又能达到较高的节能效果，从而为人们提供更安全舒适的居住环境。

习题与思考

一、填空题

1. 铝合金门窗的设计资料包括_____和_____。
2. 生产工艺单包括：_____、_____、_____、_____和其他相关信息。
3. 在接到物料需要计划后，需要做物料的_____、_____、_____。
4. 铝合金主型材截面主要受力部位基材最小实测壁厚，外门不应小于_____mm，内门不应小于_____mm，外窗不应小于_____mm，内窗不应小于_____mm。

码 4-2-2
项目 4.2 习题与
思考参考答案

二、简答题

1. 节点图主要包括哪些内容？
2. 简要说明铝合金门窗流水线加工的主要流程。
3. 简要说明铝合金门窗流水线组装的主要流程。
4. 简要说明铝合金门窗检验的主要方法。
5. 简要说明铝合金门窗的随行文件主要种类及其内容。
6. 简要说明铝合金门窗包装入库的主要要求。

三、讨论题

1. 通过调研，分组讨论我国铝合门窗生产企业实现智能制造的途径与方法。
2. 结合参观与文献查询，你觉得铝合金门窗在降低能耗方面的主要优势是什么？

现代木结构建筑部品部件工业化智能生产

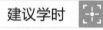

项目 5.1　胶合木部品部件的工业化智能生产

教学目标

一、知识目标

1. 了解木材的特性及分类方法；

2. 掌握胶合木部品部件生产的工艺和流程；

3. 掌握胶合木部品部件运输及仓储过程的要求；

4. 熟悉胶合木质量认证的方案要求。

二、能力目标

1. 能够识别不同等级的木材；

2. 能够按照胶合木质量认证要求完成胶合木部品部件的生产；

3. 能够根据装配过程，编制运输及仓储计划。

三、素养目标

1. 培养学生精益求精的工匠精神；

2. 培养学生刻苦耐劳、认真仔细的优良品格；

3. 理解国家高质量发展对工业化生产的要求；

4. 具备服务行业转型升级和国家战略的理想和胸怀。

学习任务

掌握胶合木部品部件工业化智能生产的基本流程，以及在生产、加工、检验、仓储和运输过程中的工艺要求、智能设备使用及智慧管理要求等。

建议学时

2 学时

思维导图

任务 5.1.1　胶合木部品部件的深化设计

任务引入

胶合木（胶合层压木材），即 Glued-laminated timber（Glulam），是一种通过胶粘剂将组坯层板胶合在一起的工程木产品，如图 5-1-1 所示。用于制作胶合木的组坯层板由经过干燥、分等分级和纵向指接接长的规格材组成。对于直线形胶合木，组坯层板的厚度通常为 35~50mm；对于曲线形胶合木，组坯层板的厚度通常为 20~30mm。

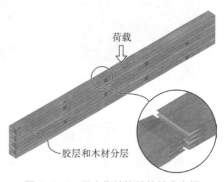

图 5-1-1　带有指接构件的胶合木梁

知识与技能

1. 胶合木的特点

（1）强度高，材料的性能更均匀。

（2）不受天然木材尺寸的限制，可用于大跨结构。

（3）尺寸稳定性好，不易开裂和翘曲变形。

（4）可加工成各种构件，有很强的建筑表现力。

胶合木还具有良好的保温隔热性能、便于工业化预制、快速施工、自重较轻以及耐火和耐久等许多优点。相对于钢筋混凝土和钢材等主流建筑材料，胶合木无疑是一种更加绿色、生态以及低碳的建材。

胶合木是可用作门窗过梁、主次梁、柱，以及重型桁架的结构产品。它常用在以裸露结构件为特色的建筑。

胶合木可制作出包括各种曲、直造型，可为建筑设计师提供更大的设计自由而不受结构所限。

2. 胶合木部品部件的深化设计

根据设计单位提供的设计资料，结合深化设计软件（图5-1-2）进行胶合木拆分及连接件拆分，生成用于生产的文件及图纸。

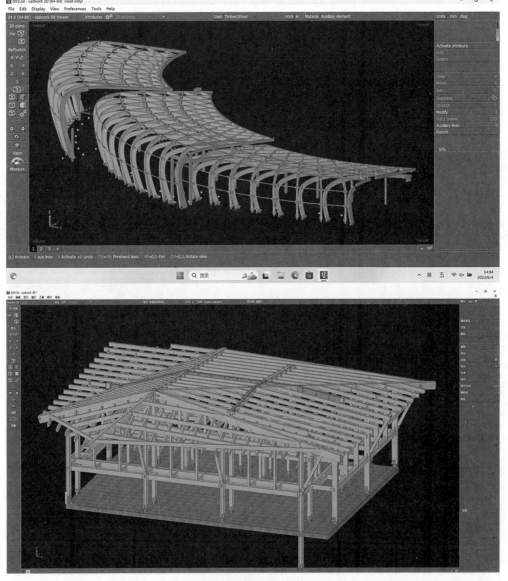

图5-1-2 深化设计软件

任务实施

码 5-1-1 全套
胶合木生产图纸

在设计单位对结构模型拆分后，为生产企业提供了详细设计图纸，生产单位在完成深化设计后，形成如图 5-1-3 所示的生产图。请扫描码 5-1-1 完成以下任务。

顶视图

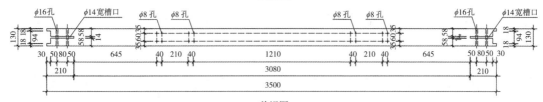

前视图

（a）

轴侧图

注：1. 底板先行预埋，连接件与底板现场焊接；
2. 底板下焊接预埋钢筋与基础连接；
3. 底板顶标高为 -0.050；
4. 焊接要求等参考结构图纸要求。

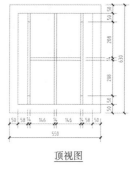

顶视图

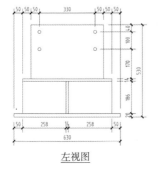

左视图

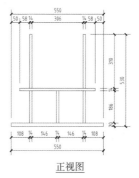

正视图

（b）

图 5-1-3 深化设计后的生产图纸
（a）构件加工图；（b）连接件加工图

（1）请根据生产图纸，复核构件及连接件生产编号、数量，编制生产计划。

（2）请根据生产计划，制订物料供应需求计划。

学习小结

（1）简述了胶合木的特点及常见应用。

（2）使用专业软件对设计文件进行深化设计，最终形成可供工厂使用的生产文件及图纸。

任务 5.1.2　胶合木部品部件的智能生产与加工

任务引入

在完成胶合木部品部件的深化设计后，就可以进入胶合木部品部件的生产与加工环节（图 5-1-4）。

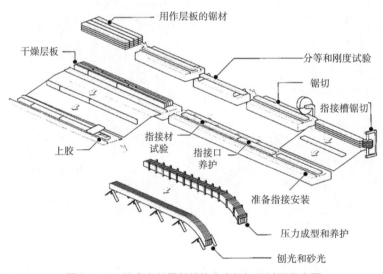

图5-1-4　胶合木部品部件的生产与加工过程示意图

知识与技能

1.胶合木部品部件生产加工流程

胶合木部品部件生产加工流程如图 5-1-5 所示。

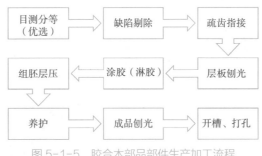

图 5-1-5　胶合木部品部件生产加工流程

2.胶合木部品部件生产加工的工艺要求

（1）疏齿指接

胶合木疏齿指接可分为垂直型指接和水平型指接两种方式（图 5-1-6）。

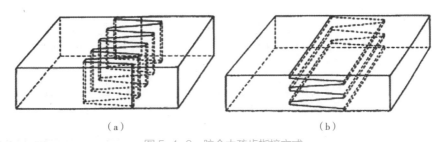

（a）　　　　　　　　　　　　　（b）

图 5-1-6　胶合木疏齿指接方式

（a）垂直型指接；（b）水平型指接

　　胶合木疏齿指接加工设备如图 5-1-7 所示。指接过程中，内层层板指接长度不应小于 10mm，其他层板指接长度不应小于 15mm，指榫斜面倾斜比应小于 1/7.5，指接嵌合度要大于 0.1mm。胶合木疏齿指接节点详图如图 5-1-8 所示。

图 5-1-7　胶合木疏齿指接加工设备

147

（2）层板刨光

层板指接完成后，使用数控刨光设备（图5-1-9）对层板进行刨光加工，为了保证胶接强度，刨光后的层板应在24h内施胶组坯。

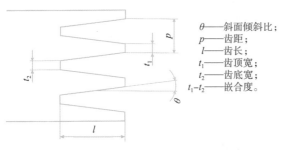

θ——斜面倾斜比；
p——齿距；
l——齿长；
t_1——齿顶宽；
t_2——齿底宽；
t_1-t_2——嵌合度。

图5-1-8　胶合木疏齿指接节点详图

图5-1-9　数控刨光设备

（3）涂胶（淋胶）

涂胶（淋胶）设备如图5-1-10所示。涂胶时要保证胶适量、均匀涂（淋）在层板表面。

主要的胶粘剂有单组分聚氨酯（层压过程）、双组分异氰酸酯（指接过程）。

图5-1-10　涂胶（淋胶）设备

（4）组胚层压

组胚层压加工流程如图5-1-11所示。胶合木层板含水率应为8%~15%，且所有层板含水率相差应在5%以内，相邻层板的纵接位置不允许重叠，同层层板纵接应避免集中。

对于抗拉或抗压结构用集成材，承受拉力作用的层板，相邻层板的纵接位置应大于150mm，且同一层层板内两纵接之间距离不小于1800mm。

组成同一根集成材的层板厚度应一致，但是用于调整集成材高度的层板可以降低到普通层板厚度的2/3，调整高度所用层板可以是一块或者两块，应用于内层层板。

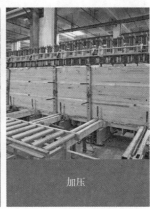

组胚　　　　　　　　安装夹具　　　　　　　加压

图 5-1-11　组胚层压加工流程

（5）养护

通过静置养护使木材（层板）间的胶合强度进一步提升，养护的时间一般不少于24h。

（6）成品刨光

胶水干燥之后，将胶合木运送到完成区除去溢出的胶，同时将胶合木用胶合木刨机（图 5-1-12）刨至所需尺寸、刨平表面、修补缺陷及修剪端部。

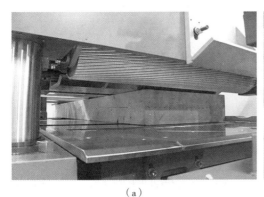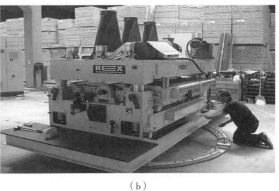

（a）　　　　　　　　　　　　　　　　　（b）

图 5-1-12　胶合木刨机

（a）可加工宽度不大于 1300mm、双面刨 / 四面刨、可倒角铣削，加工尺寸精度高；
（b）可加工宽度大于 1300mm 或弯曲梁，通常刨机底部带有旋转台，可加工曲梁

（7）开槽、打孔

胶合木开槽、打孔的加工除了使用传统的手工方式及设备，也可以使用智能加工设备，以此提高效率，保证精度。常见的智能加工设备有计算机数控 CNC 和机械臂加工生产线（图 5-1-13~ 图 5-1-15）。

图 5-1-13　CNC 多加工
轴加工中心

图 5-1-14　CNC门架型加工中心

图 5-1-15　机械臂加工生产线

 任务实施

码 5-1-2　胶合
木部品部件
生产视频

　　通过在实训室观摩机械臂智能加工胶合木部品部件或扫描二维码观看胶合木部品部件生产视频，对胶合木部品部件生产和加工的工艺流程和实施要求进行详细描述。

 学习小结

　　（1）按照胶合木部品部件的生产流程，在工厂进行生产加工。

　　（2）胶合木部品部件生产加工的过程中，对疏齿指接、层板刨光、涂胶（淋胶）、组胚层压、养护、成品刨光、开槽、打孔各流程提出工艺要求。

任务 5.1.3　胶合木部品部件的智能运输与仓储

 任务引入

　　在胶合木部品部件深化设计完成的同时，会生成用于生产加工的图纸，每一种规格型号的部品部件都会生成部品部件编号，将部品部件编号标注于部品部件端部或节点隐蔽处，符合胶合木质量认证标准的部品部件堆放至堆场，为后期运输到施工现场做好准备。

 知识与技能

1. 部品部件编号

胶合木编号示意图如图 5-1-16 所示。

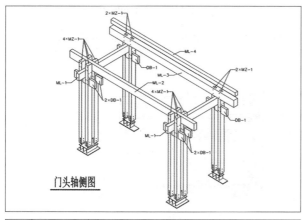

门头轴侧图

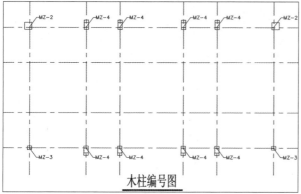

木柱编号图

一层木梁编号图

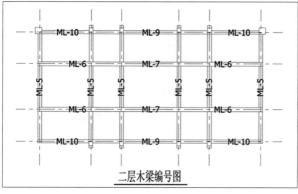

二层木梁编号图

图 5-1-16 胶合木编号示意图

部品部件编号的原则通常采用：部品部件名称代号＋编号，有时为了便于施工人员核对部品部件尺寸，也可将尺寸同步标注在部品部件上。

部品部件编号在部品部件上标注，可采用人工手写、便携打印设备标注或生产线上的激光镭射装置标注。

2. 运输与存放

胶合木必须妥善保存并小心装卸，以确保其力学性能。胶合木出厂时通常会根据要求对胶合木进行防水密封处理、上漆和包装。胶合木在装货、卸货以及运输过程中、在存放场地和施工现场都应得到合理保护以防破坏。

（1）装货与卸货

胶合木一般用叉车装卸。为了安全稳定地装卸，应将胶合木的侧面而非底部平放到叉车上。当胶合木较长时，抬放其侧面可能会造成胶合木过度弯曲。为了控制胶合木的弯曲，可使用两台或两台以上的叉车共同搬运。当用吊车装卸胶合木时，应在吊索处的所有胶合木的边缘放置垫块，以保护胶合木的边沿。应采用织布吊索起吊胶合木。当胶合木较长时，为避免胶合木在起吊过程中发生破坏，应采用舒展杆起吊胶合木。

（2）场地存放

胶合木宜存放在平整、排水良好的场地。利用如图 5-1-17 所示的木块、木垫或托架将胶合木与地面隔离。若胶合木有包装，则应保留包装以防止潮水、灰尘、日晒和划伤。长期存放时，应在包装的底部划开口用于通风和排水（图 5-1-17a）。良好的通风和排水能有效减少材料变潮、变色及腐蚀的可能。

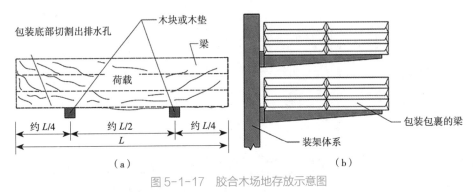

图 5-1-17　胶合木场地存放示意图

（a）胶合木置于垫木上；（b）胶合木置于托架上

（3）运输

胶合木用拖车或卡车运输时，应使用方木或垫木支撑。胶合木既可侧放也可平放，并用皮带捆扎以防移位。捆扎胶合木时应用软物或木块保护梁边缘。

（4）施工现场的存放

在施工现场存放胶合木时，应尽可能覆盖胶合木以避免湿气、尘土和日晒。将胶合木存放于平整、排水良好的地面上，并用木块隔开。对胶合木切割后的开口立刻进行密封处理。允许胶合木在安装完毕后可以逐渐调整适应当地的温度与湿度环境。避免使胶合木构件暴露于湿度、温度急剧变化的环境中，这可能会造成胶合木开裂。

（5）密封、刷漆与包装

对胶合木梁端进行密封处理以阻止潮湿渗透和在端部裂缝。胶合木出厂后如有切割，则应对切割后的端部进行密封处理（图 5-1-18）。胶合木上下表面及侧面的密封处理能够抵抗灰尘和水分渗透并控制裂缝开展。也可在胶合木上刷底漆以防潮和防污并为胶合木提供可刷漆的表面。在运输和存放时通常将胶合木进行防水包装以防止潮湿、污尘和划伤。采用不透明包装以避免阳光引起木材变色。可将胶合木单独或成捆包装。当对胶合木有较高外观要求时，应直到安装时才去除包装，以减少直接暴露于施工工地。安装时应彻底去除包装，以免因日晒出现不均匀的表面褪色。

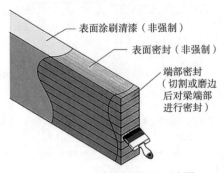

图 5-1-18　端部密封处理示意图

任务实施

（1）在实训室完成胶合木模型中构建的编号标注。

（2）对照胶合木结构图纸，分析在该批构件生产加工完成后到现场安装阶段前的各个环节如何合理堆放，编写简易运输及仓储实施方案，并利用胶合木教具进行实操。

 学习小结

（1）胶合木部品部件生产加工后，为了便于仓储及运输，需要对单个构件进行编号。

（2）胶合木在运输前的仓储过程要编制仓储方案，充分考虑合理性，便于后期的运输及现场的吊装，减少不必要的搬运。

任务 5.1.4　胶合木部品部件的智能质量检测

 任务引入

胶合木作为一种工程木产品，生产过程需要全程明确的质量控制。胶合木的生产企业应满足现行国家标准《结构用集成材》GB/T 26899 的相关要求，该标准对胶合木的生产设备、生产方式、检验和记录保存做出了规定。

 知识与技能

1. 胶合木生产质量控制要求

为确认胶合木达到要求的质量，要进行初期检验、全数检验和抽样检验，根据试验结果对各工厂的质量管理责任人进行考核，检验记录要全部保存。初期检验是对胶合木制造商是否具有制造胶合木所要求的机械设备和技术水平的检查。全数检验是对胶合木层板是否具有合格质量性能的检查。抽样检验是对胶合木的制造过程中合格质量管理能力的检查，所有检查结果都应作为生产记录进行保存。

（1）初期检验：生产开始时和生产工艺变更时（包括树种、胶粘剂、材料等级、机械设备等的变更），进行未指接层板的抗弯试验或抗拉试验、指接层板的抗弯试验或抗拉试验、胶合木剥离试验（减压、加压剥离试验或浸渍和煮沸剥离试验）、含水率检测、甲醛释放量检测，同时进行直线形胶合木的抗弯试验或弯曲胶合木的抗拉和抗压试验，对胶合木的力学性能和胶合性能进行确认。

（2）全数检验：应对胶合木层板进行外观检验或抗弯性能检验，指接层板的抗弯保证荷载检验或抗拉保证荷载检验。用于强度分等、抗弯及抗拉性能检验的荷载力学试验机，应定期校准，确保在合格的精度范围内工作。通过保证荷载检验的层板，无需再进行抽样检验（未指接层板抗弯试验或抗拉试验，以及指接层板抗弯试验或抗拉试验）。

（3）抽样检验：从胶合木层板以及制造的胶合木中，根据生产量抽取必要的试样，进行下列各项检验以保证胶合木的质量。对最外层以及外层的层板进行抗弯试验或抗拉试验，对指接层板进行抗弯试验或抗拉试验。但是，已进行层板的弹性模量检验或机械强度检验（MSR）、指接层板的弯曲或抗拉保证荷载检验时，可不进行该项抽样检验。试样的数量应根据检验批层板的数量，按表5-1-1规定的样本数量抽取。对胶合木进行剪切试验、浸渍剥离试验、煮沸剥离、抗弯试验、减压加压试验、含水率试验。应根据检验批的胶合木数量来抽取试样，每批抽取试样数量见表5-1-2。

层板抗弯试验或抗拉试验的抽样数量　　　　　　　　　　　　　表5-1-1

层板的数量	层板样本数量
≤ 90	5
91~280	8
281~500	13
501~1200	20
≥ 1201	32

胶合木剥离试验、剪切试验和抗弯试验的抽样数量　　　　　　　表5-1-2

胶合木的数量	样本数量	
≤ 10	3	
11~20	4	
21~100	5	如需复检，则选取左栏列举数量2倍的样本数
101~500	6	
≥ 501	7	

作为生产控制的一部分，胶合木制造商应记录下列内容，所有资料需保存10年以上。

胶合木部品部件的生产应有完整的质量控制记录，包括层板等级、胶层和指接试验结果。质量控制记录还应包括生产条件，如淋胶速度、装配时间、养护环境及养护时间等。认证机构应定期对生产商进行质量检查，以确保生产过程和产品质量达到要求。

2. 胶合木产品认证

胶合木生产商可以通过申请得到相关认证部门认证。需要认证的胶合木的生产应满足设备、管理、原料及检验的规定（表 5-1-3）。中国建筑科学院研究有限公司认证中心自 2020 年 3 月起已开始对国内胶合木产品进行认证。

胶合木认证 - 工厂设备要求　　　　　　　　　　　　　　表 5-1-3

设备类型	最低设备配置
生产设备	横截锯、指接机、双面刨/四面刨、压机
检验仪器设备	温湿度自动记录仪、木材含水率测量仪、游标卡尺、力学试验机、恒温鼓风干燥箱、水浴锅或真空压力罐

当获证方在产品自身或包装上加施认证标志时，应根据认证证书内容在认证标志下方增加以下信息：证书编号、认证标准、产品名称、树种、强度等级、使用环境、胶粘剂、甲醛释放量等级、制造商名称等（图 5-1-19）。

图 5-1-19　胶合木产品质量认证方案（封面）、内容及样证

 任务实施

通过扫描二维码识读胶合木认证证书，简要说明该批次胶合木的生产信息。

码 5-1-3 胶合木产品认证证书

学习小结

（1）胶合木部品部件在生产加工过程中，需要按照现行国家标准《结构用集成材》GB/T 26899的相关要求进行质量控制。

（2）胶合木在生产加工完成后，需要通过国家相关专业机构进行胶合木质量认证，以保证符合结构用构件的各项参数性能。

知识拓展

（1）木材的特性

木材的强度与其密度成正比，影响木材密度的因素包括树种、树龄、立地条件等。同一树种在不同位置密度也可能有较大差异。针叶材（Softwood）主要用于制造建筑承载构件，如拱、梁、柱及桁架等用途的集成材。造船、车辆用集成材要求适当的力学、物理性能，故采用密度大、强度高的阔叶材（Hardwood）。我国胶合木生产所用树种主要包括加拿大花旗松、云杉－松木－冷杉，欧洲云杉和俄罗斯樟子松等。

码 5-1-4
项目 5.1 知识拓展

（2）木材的含水率

纤维饱和点：水分均附着在细胞壁中而细胞腔无自由水。

平衡含水率：木材处于气干状态，木材中的水分与大气环境处于平衡状态。

一般来说，木材达到纤维饱和点的含水率为28%左右。在我国绝大部分地区，木材的平衡含水率为10%~20%。当含水率在纤维饱和点以上，含水率变化对木材尺寸无影响，木材力学性能也基本不会随着含水率变化而变化。当含水率在纤维饱和点以下时，木材的大部分力学性能随着含水率的降低而增大，当细胞壁的含水率变化时，木材的尺寸也会变化。含水率每变化5%，木材的宽度就会变化1%。同时，含水率的变化会引起木材的干缩湿胀。

（3）木材缺陷

任何树种的木材都可能存在缺陷，主要包括节疤、斜纹理、钝棱、开裂等。木材中缺陷的种类和数量因其遗传因子、立地条件、生长环境、储存和加工等因素不同而有较大差别。

（4）木材的力学性能

木材顺纹方向强度比横纹方向要大得多，顺纹抗拉强度约为顺纹抗压强度的2倍左右，是顺纹抗剪强度的10~16倍。木材抗弯强度介于抗拉强度和抗压强度之间。木材含水率从纤维饱和点下降至零的过程中，各方向的强度都会有所提升。其中，除了抗拉强度外，其他强度都会显著增大。抗拉强度虽有增大，但增量较小。

习题与思考

一、填空题

1. 木材达到纤维饱和点的含水率约为_____。

2. 木材的缺陷主要包括_____、_____、_____和_____。

3. 胶合木疏齿指接可分为_____和_____两种方式。

4. 胶合木层板的含水率应为_____，且所有层板含水率相差应在_____以内。

码 5-1-5
项目 5.1 习题与
思考参考答案

二、简答题

1. 胶合木的特点有哪些?

2. 简述胶合木部品部件加工生产的具体流程。

三、讨论题

1. 现代木结构建筑为何施工速度快?

2. 相较于一般的钢筋混凝土建筑,现代木结构建筑有哪些优势?

项目5.2　正交胶合木部品部件的工业化智能生产

教学目标

一、知识目标

1. 了解正交胶合木的概念、特性及优势；

2. 了解正交胶合木部品部件深化设计的内容；

3. 掌握正交胶合木部品部件生产的工艺和流程；

4. 掌握胶合木部品部件运输及仓储过程的要求；

5. 掌握正交胶合木质量检测的要求。

二、能力目标

1. 能够识读深化设计后的生产图纸及文件；

2. 能够按照正交胶合木质量要求完成正交胶合木部品部件的生产及加工；

3. 能够根据装配过程，编制运输及仓储计划。

三、素养目标

1. 培养学生精益求精的工匠精神；

2. 培养学生刻苦耐劳、认真仔细的优良品格；

3. 理解绿色建材使用对于生态环境及人体健康的重要性；

4. 具备践行国家"双碳"战略的理想和胸怀。

学习任务

掌握正交胶合木部品部件工业化智能生产的基本流程，以及在生产、加工、检验、仓储和运输过程中的工艺要求、智能设备使用及智慧管理要求等。

建议学时

2学时

思维导图

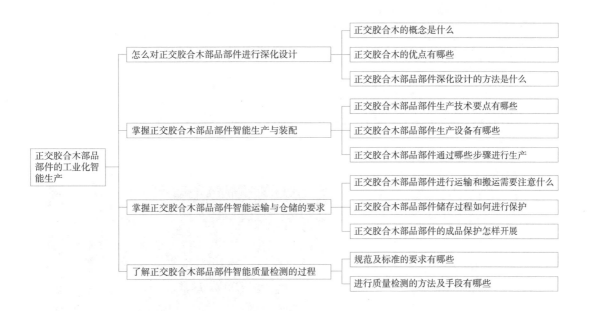

任务 5.2.1　正交胶合木部品部件的深化设计

 任务引入

　　正交胶合木是一种相对较新的重型木结构建筑材料，它重新定义了人们对于木结构建筑的概念，作为传统的轻型框架和重型木构件的补充，极大地扩展了木材在建筑中的应用范围。在国际上，正交胶合木以其高强、轻质、低碳的特性，以及由预制带来的显著工期和潜在成本优势，在中高层和大型建筑中成为混凝土和钢材的合适替代者。

 知识与技能

1. 正交胶合木的概念

　　正交胶合木，英文全称：Cross Laminated Timber，简称：CLT，是由至少三层实木锯材或结构复合材在层与层之间正交组胚粘结而成的一种预制实心工程木板（图 5-2-1），层板的厚度一般介于 15~45mm 之间。

2. 正交胶合木的优点

（1）较好的尺寸稳定性；

（2）良好的隔热和防火性能；

（3）较大的刚度及抗压强度；

（4）较高的装配化程度。

3. 正交胶合木部品部件的深化设计

（1）由设计单位运用 Digital project、CadWorks、Revit 等软件进行交互式 3D 模型设计（图 5-2-2）。

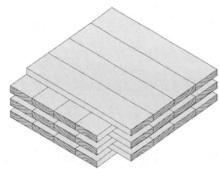

图 5-2-1　正交胶合木层板示意图

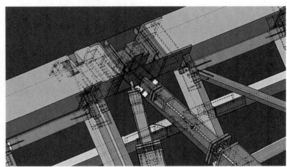

图 5-2-2　3D 可视化设计图纸

（2）交互式 3D 模型可被用于构件（CLT 板和连接件）的数字化制造。

（3）设计单位与 CLT 生产商一起展开合作，共同编制：CLT 构件加工图、连接件加工图及加工说明文件。

 任务实施

扫描二维码观看 UBC 18 层木结构建筑施工介绍视频，谈谈在中高层木结构建筑中使用正交胶合木部品部件时，深化设计过程的重要性。

码 5-2-1　UBC 18
层木结构建筑施工
介绍视频

 学习小结

（1）正交胶合木作为一种新型的重型木结构材料，有着特殊的结构力学性能，可以运用在多高层木结构建筑项目，良好的隔热及防火性能不会影响到建筑物自身结构，而且高效的装配化施工也可减少成本，是国家在"双碳"背景下推进绿色环保建材使用的不错选择。

（2）通过专业软件建立 3D 模型，有助于构建数字制造，以及施工全过程管理。

任务 5.2.2　正交胶合木部品部件的智能生产与装配

 任务引入

深化设计后的生产图纸及生产文件将作为正交胶合木部品部件智能生产的依据。

 知识与技能

1. 正交胶合木部品部件生产技术要点

（1）正交胶合木由三层、五层或七层相同或不同厚度的规格木材成 90° 纵横交错制成。

（2）通过组合最大厚度为 50mm，宽度为不同规格的木材来生产任何厚度的成品板。

（3）正交胶合木与层压胶合木在制造过程上有很多相同的地方，大致也分为木材干燥和分级、木材端接、压合叠板及精加工四个阶段。

2. 正交胶合木部品部件生产设备

CLT 生产线设备如图 5-2-3 所示。正交胶合木不同层之间正交排列的特点以及板式构件和叠合梁的不同层压结构，使得正交胶合木生产线在涂面胶压合叠板阶段使用的机械设备和工艺与层压胶合木的生产线显著不同。

图 5-2-3　CLT 生产线设备

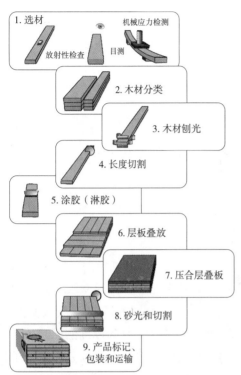

图 5-2-4 正交胶合木部品部件生产基本步骤

1. 选材
机械应力检测
放射性检查
目测

2. 木材分类

3. 木材刨光

4. 长度切割

5. 涂胶（淋胶）

6. 层板叠放

7. 压合层叠板

8. 砂光和切割

9. 产品标记、包装和运输

3. 正交胶合木部品部件生产基本步骤

①选材→②木材分类→③木材刨光→④长度切割→⑤涂胶（淋胶）→⑥层板叠放→⑦压合层叠板→⑧砂光和切割→⑨产品标记、包装和运输（图 5-2-4）

 任务实施

通过对正交胶合木部品部件生产厂的参观及深入调研，熟悉生产正交胶合木的智能制造过程。

 学习小结

（1）正交胶合木部品部件生产的构件尺寸比较大，对于生产条件有一定要求，需要建立自动化的生产线完成生产加工。

（2）正交胶合木部品部件生产的过程，需要根据国家标准进行管理，保证构件的质量。

任务 5.2.3　正交胶合木部品部件的智能运输与仓储

任务引入

正交胶合木部品部件通常都是大型构件，在设计过程中、生产加工前就需要提前考虑运输与仓储的问题。

知识与技能

1. 正交胶合木部品部件的运输和搬运

（1）正交胶合木部品部件在设计过程的深化阶段，应当考虑运输过程及施工现场的物流限制问题（例如，重量限制、低桥、窄路、狭窄的转弯半径、叉车或起重机的限行等）。在项目设计中计划使用大型构件，可能需要考虑使用超大或超重的运输车辆。

（2）为了将损失或损坏的风险降到最低，部品部件应在运抵现场后即进行吊装，而不应长时间放置在现场。通过将部品部件按相反的顺序装载到运输车辆上（即最先使用的部品部件应该最后装载到车辆上）可减少工作现场的搬运要求。

（3）部品部件在运输过程中，不要拆除起固定和保护作用的绑带和覆盖物。如果运输时间较长或天气恶劣，应使用遮雨布加强保护。应定期检查货物是否损坏或受潮。应及时更换或修补丢失或裂开的遮雨布，或保护货物的包装。

（4）部品部件运抵项目现场后，应及时检查其尺寸、等级和数量是否正确，以及是否存在物理性损坏或受潮损坏。如果有迹象表明部品部件过度受潮，则应测量木材的含水率是否在可接受的范围内。

（5）小批量的部品部件可以在现场人工卸货，大批量货物的装卸需要叉车或类似的设备。

2. 正交胶合木部品部件储存过程的保护

一般情况下，部品部件的仓储过程应遵循下列要求：

（1）堆叠在离地面至少 150mm 的地方。

（2）堆放位下方使用足够的支撑物，防止板材下沉。

（3）堆放好的部品部件上方覆盖防雨布（保持空气流通），或将部品部件储存在有顶棚的架子或棚子里。

（4）尽可能长时间保留产品原有的防护包装。

3. 正交胶合木部品部件的成品保护

部品部件在项目的所有阶段都应受到保护，避免可能产生的损坏，如污渍、发霉、尺寸变化过大，以及由于长期潮湿环境引起的紧固件腐蚀与腐烂。如果材料在使用前不久交付，就可以避免长时间的现场储存，材料保护工作也会轻松许多。木结构材料及构件一般含水率控制范围见表 5-2-1。

木结构材料及构件一般含水率控制范围 　　　　表 5-2-1

材料或部品部件	含水率范围
规格材（S-Dry 与 KD）	15%~19%
实心锯木	视供应协议而定 未干燥的木柱一般为 30%
胶合木（Glulam）与正交胶合木（CLT）	11%~15%
OSB 与胶合板覆面板	6%~12%
平行木片胶合木（PSL）、层叠木片胶合木（LSL）、定向木片胶合木（OSL）、单板层积胶合木（LVL）	6%~12%
钉接胶合木（NLT）、销接胶合木（DLT）	6%~19%
预制轻型木结构开放式或封闭式墙板，以及使用规格材与覆面板的吊舱或组件	6%~19%

任务实施

（1）请根据正交胶合木部品部件仓储堆场的要求，简单绘制堆场区域的平面布局图。

（2）分组讨论正交胶合木部品部件在运输的过程中成品保护的措施。

学习小结

（1）正交胶合木部品部件的运输及搬运过程，需要提前考虑物流限制及起重的问题，在深化设计阶段就应考虑对应的方案。

（2）正交胶合木部品部件在仓储、运输、搬运过程中，要考虑构件外观表面的成品保护，以免影响构件裸露部位的效果。

任务 5.2.4　正交胶合木部品部件的智能质量检测

任务引入

正交胶合木部品部件通常都是结构构件，在建筑结构性能方面起到至关重要的作用，所以部品部件从生产过程中材料的选取、胶合的强度、加工的精准性以及运输、仓储过程中成品的保护等各方面都应严格要求。

知识与技能

1. 规范及标准的要求

正交胶合木部品部件的质量检测要求应符合国家、行业及地方的相关规范及标准，主要标准、规范如下：

《木结构通用规范》GB 55005—2021

《木结构设计标准》GB 50005—2017

《建筑设计防火规范（2018 年版）》GB 50016—2014

《装配式木结构建筑技术标准》GB/T 51233—2016

《多高层木结构建筑技术标准》GB/T 51226—2017

《胶合木结构技术规范》GB/T 50708—2012

《结构用集成材》GB/T 26899—2022

《结构用集成材生产技术规程》GB/T 36872—2018

《木结构试验方法标准》GB/T 50329—2012

2.质量检测方法及手段（表 5-2-2）

木结构无损检测技术适用情况   表 5-2-2

方法	物理力学性能	缺陷
目视检测		√
计算机视觉		√
应力波	√	√
超声波	√	√
微钻阻抗仪法	√	√
Pilodyn 法	√	
X 射线	√	√
近红外光谱法	√	
阻抗法		√
导波法	√	√

 任务实施

根据《木结构通用规范》GB 55005—2021、《木结构设计标准》GB 50005—2017、《木结构工程施工规范》GB/T 50772—2012、《木结构工程施工质量验收规范》GB 50206—2012、《胶合木结构技术规范》GB/T 50708—2012 等规范，总结归纳正交胶合木部品部件质量检验的要点。

 学习小结

正交胶合木部品部件的工业化智能生产过程中要符合国家、行业及地方的相关规范要求，并采用传统和现代相结合的质量检测手段对构件进行质量检测。

知识拓展

一、软木规格材

软木规格材是将伐木锯成规定长度的实木材料，主要用于建造轻型木结构建筑。

码 5-2-2
项目 5.2 知识拓展

二、机械应力分级材

机械应力分级材是指采用机械应力测定设备定级的规格材。与仅采用目测分级的规格材相比，机械应力分级材具有更高的设计应力。

三、工程木产品

工程木产品是指用胶粘剂或用其他方法将单板、薄片、木片或规格材粘合制成的结构产品。工程木产品的主要优点包括：工程木产品的原木利用率更高、强度比标准规格材更大，且不容易收缩，而且可加工成较长构件，用于大跨度结构。

工程木产品包括以下类型：

1. 结构复合材（SCL）是指单板层积胶合木（LVL）、层叠木片胶合木（LSL）、平行木片胶合木（PSL）等专利产品。结构复合材通常用于顶梁、横梁和过梁、立柱和柱、较高墙体的墙骨、封头板以及地梁板。不同制造商的产品具有不同的性能与特点。

2. 木制工字梁是上下翼缘（由指接实心锯材或单板层积胶合木制成）和一根腹杆（由定向刨花板或胶合板制成）采用防水胶粘剂粘合而成。木制工字梁的强重比较高，因此通常用于替代实心规格材楼盖格栅、椽和吊顶格栅。

3. 轻型木制楼盖和屋面桁架是由规格材腹杆和上下弦杆组成的结构构件，腹杆和弦杆采用镀锌钢板制成的齿板连接板连接。桁架可在工厂预制，因此楼盖和屋面构件建造时间更短，而且相较于实心规格材结构，可实现更大跨度。

四、重木产品

重木产品是指由规格材或木制单板构成的大型结构构件。与结构级规格材相比，重木产品的强度更高、尺寸更稳定，而且尺寸、形状和建筑设计更灵活。

重木产品包括以下类型：

1. 胶合木（GLT）由规格材水平叠层经压力胶合制成。胶合木可用作过梁、梁、柱以及重型桁架。胶合木可以弯曲或制成锥形，以构成各种各样的拱形，因此经常作为建筑特色暴露在外。

2. 层板钉接木（NLT）是将规格材沿边缘对齐后，用钉子或螺钉以机械方式将叠层紧固制成的单一结构构件。在 NLT 的一面添加胶合板或向刨花板（OSB）覆面板可以增加抗剪能力，使 NLT 用作剪力墙或结构隔板。NLT 通常用作楼盖或屋面，但也可以用作垂直构件，比如墙体、电梯井以及楼梯井。

3. 正交胶合木（CLT）是由多层窑干规格材预制而成的板材。通常将多层窑干指接规格材平铺后在宽面上粘合，有时候窄面也需要粘合。可采用计算机数控（CNC）槽刨机将 CLT 面板切割成任意尺寸。这种机器能够以极小的误差进行复杂切割。CLT 通常用作中高层木结构建筑的楼盖、墙体和屋面构件。

4. 层板销接木（DLT）是一种全木重木产品，由硬木销子将板材结合起来制成。DLT

无需使用任何金属紧固件或结构胶，因此更加易于使用计算机数控槽刨机对其进行加工。DLT 的用途与 CLT 类似。

5. 巨型胶合板（MPP）是单板层积胶合木（LVL）的变体，可与 CLT 媲美。然而，与使用规格材的 CLT 不同，MPP 是将几层木单板按交替纹理方向加压粘合而成的。除了用作楼盖、墙体和屋面板之外，MPP 也可制成锯材，用作梁、过梁、封头板以及楼梯梁。

习题与思考

一、填空题

1. 正交胶合木在进行选材时常用的方法有＿＿＿＿、＿＿＿＿和＿＿＿＿。
2. 正交胶合木的含水率一般控制在＿＿＿＿范围内。

码 5-2-3
项目 5.2 习题与
思考参考答案

二、简答题

1. 正交胶合木部品部件的生产步骤是什么？
2. 正交胶合木部品部件在仓储过程中的一般要求是什么？
3. 什么是工程木？常见的工程木产品有哪些？

三、讨论题

请通过文献调研，谈谈正交胶合木在国内高层木结构中应用的情况。

项目 5.3　轻型木结构部品部件的工业化智能生产

教学目标

一、知识目标

1. 了解轻型木结构的概念、特性及优势；

2. 了解轻型木结构部品部件深化设计的内容；

3. 掌握轻型木结构部品部件生产的工艺和流程；

4. 掌握轻型木结构部品部件运输及仓储过程的要求；

5. 掌握轻型木结构部品部件质量检测的要求。

二、能力目标

1. 能够识读深化设计后的生产图纸及文件；

2. 能够按照轻型木结构质量要求完成部品部件的生产及装配；

3. 能够根据装配过程，编制运输及仓储计划。

三、素养目标

1. 培养学生爱岗敬业的劳模精神；

2. 培养学生刻苦耐劳、认真仔细的专业态度；

3. 理解木材作为绿色建材对环境保护的积极意义；

4. 具备积极实现国家"双碳"目标的信念与态度。

学习任务

掌握轻型木结构部品部件工业化智能生产的基本流程，以及在生产、加工、检验、仓储和运输过程中的工艺要求、智能设备使用及智慧管理要求等。

建议学时

2 学时

思维导图

任务 5.3.1　轻型木结构部品部件的深化设计

任务引入

　　轻型木结构是由规格材、木基结构板或石膏板制作的木构架墙体、楼板和屋盖系统构成的建筑结构（图 5-3-1）。

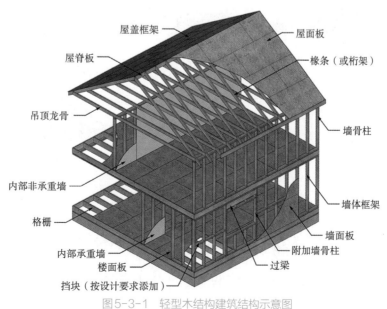

图5-3-1　轻型木结构建筑结构示意图

知识与技能

1. 轻型木结构的预制类型

（1）单个构件

单个构件预制是最灵活的预制方案，几乎没有运输方面的限制，但是构件的现场拼装需要大量的现场作业。构件包括屋顶桁架、楼面桁架以及预制工字形木梁（I-joist）等。

（2）二维板式构件

二维板式构件的预制化程度更高，但是有运输方面的限制。与单个构件相比，板式构件可以更快地竖立和组装，所需的现场劳力较单个构件显著减少。构件包括墙板、楼面板和屋顶等。

墙板有两种基本形式：开放式和封闭式。①开放式墙板通常包括规格材墙骨柱和覆面板，可以后期增加更多个构件，如窗、门、隔热材等组装使用。②封闭式墙板通常包括内侧覆面板，以及内部墙身空腔内填充材料，如保温棉、隔气层、电线与管道等。

（3）三维模块结构

三维模块结构是一种包含楼面、墙体、顶棚或屋面的三维建筑体系。因为大多数建筑工作都是在预制工厂里完成的，因此这是最完整的一种预制形式。这些工作包括隔热、管道、电线、门窗、橱柜、大多数室内装潢，某些情况下甚至还包括室外装潢。这种预制类型的现场作业量最少，施工速度最快，但运输是一个需要考虑的重要因素。

2. 轻型木结构部品部件的设计流程（图5-3-2）

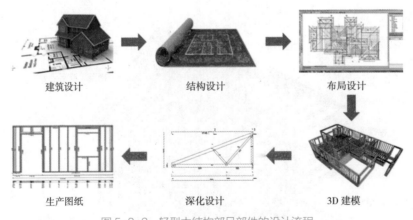

建筑设计　　　　　结构设计　　　　　布局设计

生产图纸　　　　　深化设计　　　　　3D建模

图 5-3-2　轻型木结构部品部件的设计流程

3. 轻型木结构部品部件深化设计软件的使用

（1）建筑及结构的图纸由设计单位提供，作为深化设计的依据，由 AutoCAD、SketchUp 和 SoftPlan 等绘图软件绘制。

（2）轻型木结构预制软件通常分为两种：一种可以处理通用的设备和材料，另一种只能处理独家的、规定品牌的设备和材料。使用专利软件可以设计楼面桁架、墙板或屋顶桁架的成品及其组成部分。

（3）提供布局、设计、设置与设备直接通信的预制装配指令等功能的软件有：① Mitek；② Simpson-Strong-tie；③ Alpine；④ Wolf Systems。

（4）通过建立建筑信息模型生成施工、生产、物流所需的文件，并提供当前工作、维护、翻新与拆除等任务的准确信息。

3D 模型视图可供设计师检查建筑的可施工性，排除结构、机械或管道上的任何冲突（图 5-3-3）。

图 5-3-3　3D 模型图纸

（5）通过预制软件设计后，可以生成生产所需的文件及图纸。

（6）无论使用什么软件，设计都必须符合现行《木结构设计标准》GB 50005 的要求。

 任务实施

扫描二维码识读屋架和墙体生产图纸，熟悉轻型木结构构件的智能制造过程。

码 5-3-1　全套屋架及墙体拆分图

 学习小结

轻型木结构部品部件在工业化智能生产的深化设计主要考虑三种预制类型：单个构件、二维板式构件、三维模块结构。

轻型木结构部品部件的设计流程包括：建筑设计、结构设计、布局设计、3D 建模、深化设计，最终形成可供工厂生产加工的图纸。

任务 5.3.2　轻型木结构部品部件的智能生产与装配

任务引入

根据深化设计形成的生产文件及图纸可以直接匹配专用生产设备进行生产，大大节约了人力成本，提高了生产效率。

知识与技能

1. 生产文件及图纸

生产文件及图纸主要包括：软件设计计算书、墙体拆分图、格栅拆分图、屋架拆分图、齿板定位图、木材切割图等（图 5-3-4~ 图 5-3-7）。

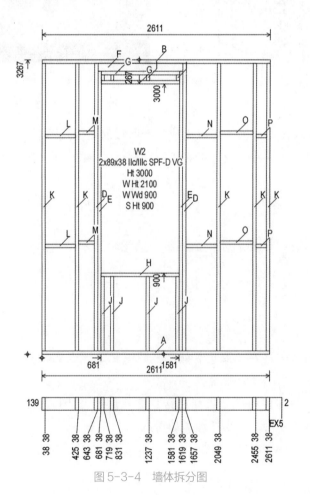

图 5-3-4　墙体拆分图

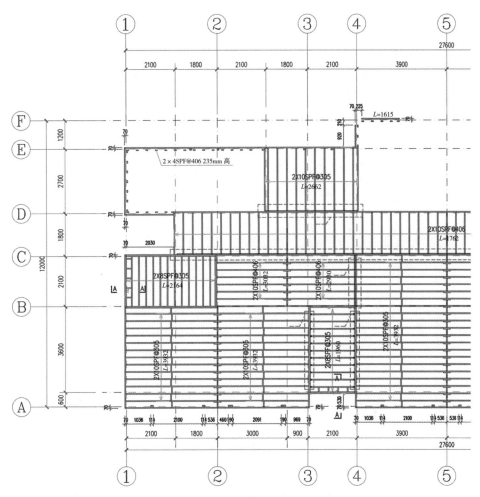

图 5-3-5　格栅拆分图

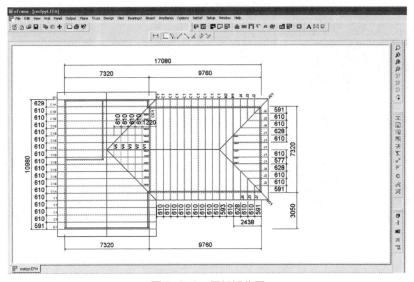

图 5-3-6　屋架拆分图

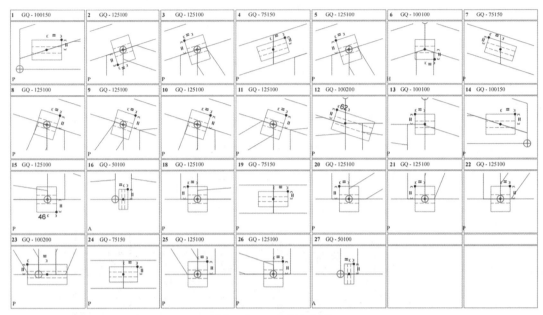

图 5-3-7 齿板定位图

2. 工厂生产线

（1）生产方式：手工、半自动和全自动。

（2）布局原则：原材料和成品的流动效率对工厂的整体效率至关重要。

（3）自动化生产线设备：如图 5-3-8 所示。

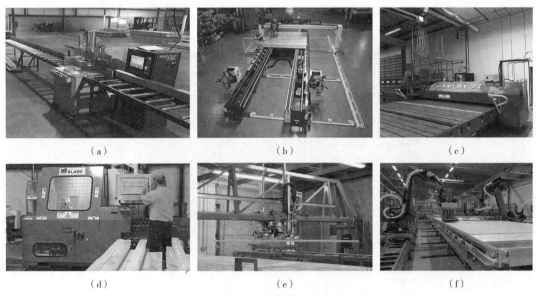

图 5-3-8 自动化生产线设备

（a）线性电锯；（b）屋顶桁架辊道台架；（c）楼面桁架台架；（d）木材检索系统；
（e）构件传送系统；（f）自动化墙板装配

任务实施

通过对轻型木结构自动化生产厂的参观及深入调研，了解轻型木结构部品部件智能制造过程。

学习小结

（1）预制装配化生产工厂通过生产文件及图纸进行部品部件的生产。
（2）轻型木结构部品部件生产线分为：手工、半自动和全自动三种。

任务 5.3.3 轻型木结构部品部件的智能运输与仓储

任务引入

通过工业化智能生产的轻型木结构部品部件在运输与仓储过程中需要更高的要求，运输和仓储要制定实施方案，内容包括运输时间、运输次序、堆放场地、运输路线、固定要求，堆放支垫及成品保护措施等，以确保构件的稳定含水率和最后安装效率。

知识与技能

1. 仓储堆场的要求

（1）仓储堆场平面布局如图 5-3-9 所示。预制构件厂的室外堆放区域必须能高效地存放原材料、构件和成品（图 5-3-10）。
（2）大型卡车或拖车能够高效地在场地中穿行。
（3）通常在场地里留出一片区域用来存放原材料，还要预留一片区域供两辆大型卡车同时卸货。
（4）设置一片暂存区域，用以存放当天发货的构件。
（5）专人负责场内的管理，通过生产设备自带的系统，及时掌握、调配入库或发货的部品部件信息，以确保构件和板材按照架构所需的顺序进行堆叠，达到效率最优化。

2. 运输的要求

（1）部品部件生产完成后，必须用钢条将成品按交付规格捆绑，在室外存放直至交付（图 5-3-11）。

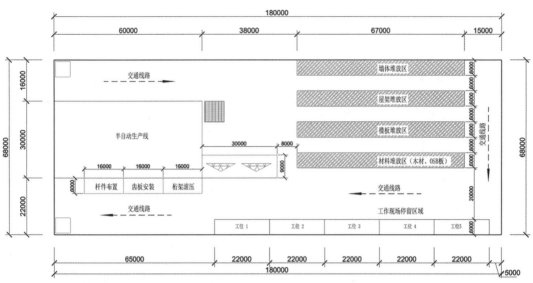

图 5-3-9　仓储堆场平面布局

（2）将构件离开地面放置，防止地面湿气的影响，离地距离至少 38mm。

（3）运送当天用叉车将成品装载到标准平台卡车上，送至施工现场后用叉车或高空作业车、背负式平台叉车（与物流卡车相连的小型叉车）卸载（图 5-3-12）。

图 5-3-10　屋盖桁架堆放

图 5-3-11　固定捆绑部品部件

图 5-3-12　装卸车辆

（4）根据产品尺寸和路面尺寸，也可以使用带有折臂的卡车、移动式液压起重机和辊轮卡车等。

（5）运输过程中必须根据路面和施工现场的情况对货物进行有效保护。

 任务实施

观看轻型木结构部品部件运输视频，了解轻型木结构部品部件智能运输及仓储的过程。

 学习小结

（1）轻型木结构部品部件仓储堆场要求考虑构件干燥、车辆通行、便于装卸货物，还需要专人管理进出场登记等，以确保构件和板材按照架构所需的顺序进行堆叠，达到效率最优化。

（2）轻型木结构部品部件在运输环节需要使用合适的装卸设备、车辆，并将部品部件固定绑扎牢固，以确保整个过程的安全。

知识拓展

一、结构板材

轻型木结构建筑可采用两种结构板材作为楼盖、墙体和屋盖覆面板：定向刨花板和胶合板。两种材料都有相同的尺寸，而且都是再造木产品（将较小的木构件在高温与压力下使用外用级胶粘剂粘合在一起制成的木产品）。用于覆面板的木基 OSB 板与胶合板是木结构建筑的重要组成部分，它们能够将

码 5-3-2
项目 5.3 知识拓展

荷载传递至主结构构件，并增强结构的刚度。它们还能构成围护结构，并为外部完成面提供背衬。我国规范不允许在轻型木结构建筑中使用非结构板材，非结构应用除外。

定向刨花板（OSB 板）是将白杨木片在高温与压力下粘合而成的垫状结构板材。OSB板外层的木片一般沿长度方向排列，以增加面板的纵向强度和刚度。

胶合板是一种结构板材，由软木薄单板在高温和压力下胶合而成。一般情况下，单板的纹理方向沿面板中心线均匀分布。由一层或多层薄单板组成的每一层面板与相邻层面板垂直放置。这种正交层积方式提供了两种方向上的强度与刚度特性，以及优良的尺寸稳定性。

二、结构体系

轻型木结构建筑中，密布的规格材骨架和结构覆面板材组成了各个结构构件，例如

墙体、楼盖和屋盖。这些构件共同为结构提供了足够的强度和刚度以抵抗水平和竖向的荷载或作用。轻型木结构不仅可以用于住宅建筑，也可以用于商业建筑和公共建筑。

三、基本受力特点

轻型木结构体系中，墙体、楼盖和屋盖中的墙骨柱、格栅和椽条与结构覆面板材连接，形成围护结构以安装固定外墙饰面、楼板饰面以及屋面材料。承重墙可以将竖向荷载传递到基础，同时也可设计为剪力墙以抵抗侧向荷载。屋盖和楼盖可以承受竖向荷载，同时也将侧向荷载传递到剪力墙。对于竖向荷载，楼盖将竖向荷载（永久荷载和可变荷载）传递到墙骨柱，再传递到基础；对于水平荷载，楼盖将水平荷载（风荷载和地震作用）传递到支撑隔板的剪力墙，再传递到基础。

习题与思考

一、填空题

1. 轻型木结构是由_____、木基结构板或石膏板制作的_____、_____和_____所构成的结构体系。

2. 木结构建筑的预制类型有_____、_____和_____。

3. 轻型木结构部品部件工厂生产线主要有_____、_____、_____三种生产方式。

4. 轻型木结构部品部件常用的结构板材是_____、_____。

码 5-3-3
项目 5.3 习题与
思考参考答案

二、简答题

1. 制定轻型木结构部品部件运输和仓储实施方案需要考虑哪些方面？

2. 轻型木结构部品部件在经过深化设计后，会形成哪些生产文件及图纸用于生产加工？

三、讨论题

通过对现代木结构建筑部品部件工业化智能生产的学习，请你谈谈木结构建筑对于实现我国的"双碳"战略目标的积极意义。

附录 学习任务单

	任务名称			
	学生姓名		学号	
	同组成员			
	负责任务			
	完成日期		完成效果	
	教师评价			

自学简述 （课前预习）	
任务实施 （完成步骤）	
问题解决 （成果描述）	

学习反思	不足之处	
	课后学习	

过程评价	团队合作 （20分）	课前学习 （10分）	时间观念 （10分）	实施方法 （20分）	知识技能 （20分）	成果质量 （20分）	总分 （100分）

参考文献

[1] 钟吉祥 . 建筑工业化实用技术 [M]. 北京：中国建筑工业出版社，2017.

[2] 周绪红，刘界鹏，冯亮 . 建筑智能建造技术初探及其应用 [M]. 北京：中国建筑工业出版社，2021.

[3] 刘美霞，赵研 . 装配式建筑预制混凝土构件生产与管理 [M]. 北京：北京理工大学出版社，2020.

[4] 门进杰，兰涛，周琦 . 混凝土构件的声发射性能：试验、理论和方法 [M]. 北京：科学出版社，2020.

[5] 张弛，蔡亚宁 . 隧道盾构混凝土管片预制与模具 [M]. 北京：中国建筑工业出版社，2010.

[6] 李国强，张哲，范昕 . 波纹腹板钢结构性能、设计与应用 [M]. 北京：中国建筑工业出版社，2018.

[7] 孟表柱，朱金富 . 土木工程智能检测智慧监测发展趋势及系统原理 [M]. 北京：中国质检出版社，2017.

[8] 孙传友 . 传感器检测技术及仪表 [M]. 北京：高等教育出版社，2019.

[9] 杨兆升 . 智能运输系统概论 [M]. 北京：人民交通出版社，2005.

[10] 王淑荣 . 物流信息技术 [M]. 2 版 . 北京：机械工业出版社，2011.

[11] 刘静安 . 铝型材挤压模具设计、制造、使用及维修 [M]. 2 版 . 北京：冶金工业出版社，1999.

[12] 谢水生 . 铝及铝合金产品生产技术与装备 [M]. 长沙：中南大学出版社，2015.

[13] 刘伟庆 . 现代木结构 [M]. 北京：中国建筑工业出版社，2022.

图书在版编目（CIP）数据

建筑工业化智能生产技术与应用 / 江苏省建设教育协会组织编写；王建玉，任川主编；袁锋华，杜易，耿炜副主编 . —北京：中国建筑工业出版社，2024.2

高等职业教育智能建造类专业"十四五"系列教材

住房和城乡建设领域"十四五"智能建造技术培训教材

ISBN 978-7-112-29491-6

Ⅰ.①建… Ⅱ.①江…②王…③任…④袁…⑤杜…⑥耿… Ⅲ.①智能技术－应用－建筑工业化－高等职业教育－教材 Ⅳ.① TU-39

中国国家版本馆 CIP 数据核字（2023）第 248489 号

本教材以中亿丰建设集团股份有限公司部品部件的工业化智能生产工厂为案例，全面对接建筑工业化行业的技术行业标准、工作标准和职业资格标准，按模块化项目式的结构，以任务为驱动，全面介绍了建筑工业化智能生产的理念，钢筋混凝土结构、钢结构、铝合金结构以及现代木结构部品部件智能生产的过程、工艺和质量要求。本教材配有数字资源，读者扫描教材中的二维码即可免费观看。

本教材主要针对高等职业教育智能建造类专业的学生编写，同时也适用于从事建筑工业化部品部件智能生产和生产管理人员参考和学习。

为了更好地支持相应课程的教学，我们向采用本书作为教材的教师提供课件，有需要者可与出版社联系。建工书院：http: // edu.cabplink.com，邮箱：jckj@cabp.com.cn，2917266507@qq.com，电话：（010）58337285。

策划编辑：高延伟

责任编辑：聂 伟 杨 虹

责任校对：赵 力

高等职业教育智能建造类专业"十四五"系列教材

住房和城乡建设领域"十四五"智能建造技术培训教材

建筑工业化智能生产技术与应用

组织编写 江苏省建设教育协会

主 编 王建玉 任 川

副 主 编 袁锋华 杜 易 耿 炜

主 审 周安庭

*

中国建筑工业出版社出版、发行（北京海淀三里河路 9 号）

各地新华书店、建筑书店经销

北京雅盈中佳图文设计公司制版

廊坊市海涛印刷有限公司印刷

*

开本：787 毫米 × 1092 毫米 1/16 印张：12 字数：269 千字

2024 年 3 月第一版 2024 年 3 月第一次印刷

定价：43.00 元（附数字资源及赠教师课件）

ISBN 978-7-112-29491-6

（42235）